高等学校新工科计算机类专业系列教材

U0159886

网页设计与制作

主　编　穆肇南　娄　超

副主编　杨天明　刘梦珠

参　编　杨　磊　梁　勇　李文生　卜艳桃

　　　　杨　曦　王　颖

西安电子科技大学出版社

内 容 简 介

　　本书从网页设计与制作的实际需要出发,全面、系统地介绍了网页设计与制作的基础知识、网页设计的工具(Photoshop、Flash、Dreamweaver)及前端制作语言(HTML5、CSS、JavaScript)。本书的特点是结合网站建设中的实际操作,为 HTML5 网页制作及使用 HTML5 从事网页开发的初学者精心设计内容,使其能够学会网页制作,并能根据自己的需求开发出实用的网页。

　　本书适合作为高等院校计算机、电子商务等专业的教材,也可作为信息技术培训机构的培训用书,还可作为网页设计与制作人员、网站建设与开发人员、多媒体设计与开发人员的参考用书。

图书在版编目(CIP)数据

网页设计与制作 / 穆肇南,娄超主编. —西安:
西安电子科技大学出版社,2020.8(2024.6 重印)
ISBN 978-7-5606-5807-0

Ⅰ. ① 网… Ⅱ. ① 穆… ② 娄… Ⅲ. ① 网页制作工具 Ⅳ. ① TP393.092.2

中国版本图书馆 CIP 数据核字(2020)第 143214 号

责任编辑　张　倩　陈　婷
出版发行　西安电子科技大学出版社(西安市太白南路 2 号)
电　　话　(029)88202421　88201467　　　邮　　编　710071
网　　址　www.xduph.com　　　　　　　电子邮箱　xdupfxb001@163.com
经　　销　新华书店
印刷单位　广东虎彩云印刷有限公司
版　　次　2020 年 8 月第 1 版　　2024 年 6 月第 4 次印刷
开　　本　787 毫米×1092 毫米　1/16　印　张　14.25
字　　数　335 千字
定　　价　37.00 元

ISBN 978-7-5606-5807-0 / TP

XDUP 6109001-4
如有印装问题可调换

前　言

随着互联网的高速发展，越来越多的企业乃至个人都已通过网页对自己的产品及形象进行宣传、推广。因此，网页设计与制作课程的学习已在各高校计算机相关专业中普及。

HTML5 是超文本标记语言的最新版本，是新一代的 Web 语言。HTML5 自问世以来就被迅速推广，全球各知名浏览器厂商也对 HTML5 提供了很好的支持。本书结合网站建设中的实际操作，为想要学习 HTML5 网页制作及使用 HTML5 从事网页开发的初学者精心设计，将理论与实际应用结合起来进行讲解，以使初学者能够学会网页制作，并根据自己的需求开发出实用的网页。

本书根据企业对前端技术人才的需求，采用理论与实际结合的教学设计，新颖实用，通俗易懂。本书的总体目标是要教会读者运用流行的前端网页设计工具(Flash、Photoshop、Dreamweaver)设计网页并运用 HTML5、JavaScript、CSS 完成页面制作。本书共 8 章，其中第 1 章由卜艳桃、王颖编写，主要介绍网页设计、制作的基础知识，网站设计的原则、过程等，使读者对网站建设有一个全面的了解；第 2 章由刘梦珠编写，主要介绍 Photoshop 的基本知识，重点是对网页设计排版、图像处理等进行介绍；第 3 章由杨磊编写，讲述了 Flash 的绘图、动画及脚本等内容，通过对本章的学习，读者应能通过 Flash 设计制作各种网页上需要的 Flash 动画；第 4 章由李文生编写，主要介绍 Dreamweaver 的基本知识，本章的重点是站点定义和超级链接；第 5、6 章由娄超、梁勇编写，主要介绍了网页制作核心技术 HTML5 及 CSS，其中重点内容是表单、表格的制作，DIV + CSS 的布局方式等；第 7 章由杨天明编写，讲述了 JavaScript 动态网页设计制作的基础及应用实例，是对前面章节的延续，使得读者可以了解动态网页的基础知识并通过实际案例学会简单的动态网页编程技术；第 8 章由杨曦编写，讲述了站点的发布、宣传与推广、更新与维护等内容，要求读者能对自己设计的网页进行发布、宣传与推广、更新与维护等。全书的统稿和审定工作由穆肇南教授完成。

由于编写时间仓促，加上编者水平有限，书中难免会有不足之处，望广大读者批评指正。

编　者

2020 年 7 月

目　　录

第 1 章　网页设计与制作概述

学习目标

- 了解网页设计与制作的基本概念。
- 了解网页设计与制作的常用工具。
- 了解网站制作的流程。

本章介绍网页设计与制作的基础知识，包括 Internet 基础、网页和网站的概念、静态网页与动态网页的区别，同时介绍了 HTML 与 XHTML、网页脚本语言、动态网页编程语言等网页制作技术以及 Dreamweaver、Photoshop、Flash、Fireworks 等网页制作设计软件及工具，最后对网站的制作流程进行了详细讲述，包括网站制作的前期准备工作、网站建设方案实施及网站建设的后期工作等内容。

1.1　Web 基础知识

1.1.1　Internet 概述

Internet 即通常所说的互联网，又名因特网，是相互连接的网络集合。Internet 是一个巨大的、全球的信息资源库，是由成千上万个网络、上亿台计算机通过特定的网络协议相互连接而成的全球计算机网络。Internet 提供的主要服务包括万维网(World Wide Web)、电子邮件(E-mail)、文件传输和远程登录等。其中，万维网以内容形式多样、资源丰富、交互性好等特点，成为应用最广泛的信息检索服务工具。

Internet 起源于 1969 年美国国防部高级研究计划署协助开发的 ARPANET，最初并不是为商业使用而设计的，是只允许国防部人员进入的封闭式网络。到 1987 年，在美国国家科学基金会的推动下，该网络从军事用途逐渐转向科学研究和民事用途，形成了今天的 Internet 主干网的雏形——NSFNET。

在国内，1993 年 3 月 2 日，中国科学院高级物理研究所租用 AT&T 公司的国际卫星信道接入美国斯坦福线性加速器中心(SLAC)的 64K 专线正式开通。这条专线是中国接入 Internet 的第一根专线。

1994 年 4 月 20 日，NCFC 工程(中关村地区教育与科研示范网络)通过美国 Sprint 公司连入 Internet 的 64K 国际专线，实现了与 Internet 的全功能连接。中国是通过国际专线接入 Internet 的第 71 个国家。

1.1.2　WWW 简介

WWW 是一个基于超文本(Hypertext)方式的信息检索服务工具，是 Internet 发展最快和目前运用最广泛的服务。

WWW 是 World Wide Web 的缩写，也可简称为 Web，中文名称为"万维网"。万维网的核心部分由统一资源定位器(Uniform Resource Locator，URL)、超文本传输协议(HTTP)以及超文本标记语言(Hyper Text Markup Language，HTML)三个部分构成。

1.统一资源定位器

在浩瀚如烟的互联网中，如何寻找、确定和获得某一个信息资源呢？由 Web 联盟颁布的统一资源定位器(URL)成为互联网中一种标准的资源定位方式，用来标识互联网上的任意特定资源。

统一资源定位器是专为标识 Internet 网上资源位置而设的一种编址方式。通常所说的网页地址指的就是 URL。URL 由三部分组成：协议类型、主机名以及路径和文件名。

URL 的表达形式如下：

协议名：//服务器的 IP 地址或域名/路径/文件名

例如，https://news.sina.com.cn。

在 URL 中，可以使用多种 Internet 协议，如 HTTP 协议(超文本传输协议)、FTP 协议(文件传输协议)和 Telnet 协议(远程登录协议)等。其中，HTTP 协议用于 Web 应用，是应用最广泛的协议。为了满足 Web 应用提升安全性的需求，可将 HTTP 协议与安全套接层(SSL)协议相结合，构成一种更加安全的超文本传输协议(HTTPS 协议)。

在 URL 中，存放资源的服务器或主机由服务器的 IP 地址或域名来表示，在服务器中通过指定路径和网页名称确定资源的最终位置。

在互联网中，无论用户在什么地方，只要拥有一台客户终端与互联网连接，就可以通过 Web 地址轻松地访问互联网上的网站，分享互联网上的各种资源。

2.超文本传输协议

超文本传输协议是客户端浏览器或其他程序与 Web 服务器之间的应用层通信协议。在 Internet 的 Web 服务器上存放的都是超文本信息，客户机需要通过 HTTP 协议访问要访问的超文本信息。

3.超文本标记语言

超文本标记语言是一种嵌入式语言，通过定义 HTML 标签使浏览器解析页面并进行显示。

WWW 的工作原理是：当用户访问万维网上的某一个网页或者其他网络资源时，通常首先在浏览器上输入想要访问网页的 URL，或者通过超链接方式连接到网页或网络资源；然后 URL 中的服务器名被域名系统(分布于全球因特网数据库)解析，并根据解析结果决定进入哪一个 IP 地址,确定好被访问网页所在的服务器 IP 地址后,向该服务器发送一个 HTTP 请求,通常情况下,HTML 文本、图片和构成该网页的其他文件很快会被返回给用户并在用户的浏览器中显示。这就构成了用户在浏览器中所看到的"网页"。

1.1.3　服务器与浏览器

浏览器是一种用于检索并展示万维网信息资源的应用程序。这些信息资源可为网页、图片、影音或其他内容,它们由统一资源定位器标识。

用户坐在家中用电脑或其他电子设备浏览查看各种网站内容的过程,实际上就是从远程计算机中读取一些内容并在本地计算机上显示出来的过程。

内容信息提供者的计算机称为服务器,用户使用浏览器(如 360 浏览器)程序通过网络获取服务器上的文件以及其他信息。服务器可以同时供许多不同的人(浏览器)访问。

简单来说,访问的具体过程就是用户通过浏览器发出访问某个站点的请求,然后这个站点的服务器就把信息传送到用户的浏览器上,也就是将文件下载到本地计算机,浏览器再显示出文件内容,这样用户就可以坐在家中查询千里之外的信息了。

1.1.4　网页和网站(Website)

在制作网站之前,首先要了解一些关于 Web 网页的基本知识,同时也要了解构成一个网站的基本元素,具体介绍如下。

1. 网页与网站的关系

网页是构建 WWW 的基本单位。网页中包含"超链接(又称超级链接)",通过鼠标点击已经定义好的关键字或图形,就可以自动跳转到相应的文件,获得相应的信息,从而实现网页与网页之间的连接。通过超链接连接起来的一系列逻辑上可以视为一个整体的页面叫作"网站"。

网站是网页的集合,其概念是相对的。它是一个整体,包括一个首页和若干个网页,由网页及为用户提供的服务构成。网站为浏览者提供的内容通过网页展示出来,用户浏览网站实际上就是浏览网页。

一个网站的起始页面通常被称为"主页",主页是一个网站的开始,是一个网站的门面,访问者可以通过首页进入网站的各个分页。因此,网站首页的制作非常重要,访问者通过进入网站首页,就能清楚地知道该网站所要传递的信息。一般来说,网页主要由文字、图片、动画、音频和视频等组成。

2. 网站的基本构成

网站是指在因特网上,根据一定的规则,使用 HTML 等工具制作的用于展示特定内容的相关网页的集合。人们可以通过网页浏览器来访问网站,获取需要的信息或享受网络服务。

网站由域名(Domain Name)、网页、网站空间三部分组成。域名就是访问网站时在浏览器地址栏中输入的网址,如 www.sina.com。网页是通过 Dreamweaver 等软件制作出来的,多个网页由超链接联系起来。网站空间由专门的独立服务器或租用的虚拟主机承担。网页需要上传到网站空间中,才能供浏览者访问。

3. 网页的基本元素

网页的基本元素主要包括以下几种：

(1) 文本：网页中最主要的信息载体，浏览者主要通过文字了解各种信息。

(2) 图片：可以使网页看上去更加美观，让浏览者更加快速地了解网页所要表达的内容。

(3) 水平线：在网页中主要起到分隔区域的作用，使网页的结构更加美观合理。

(4) 表格：网页设计过程中使用最多的基本元素，可以显示分类数据，同时使用表格进行网页排版可以得到更好的定位效果。

(5) 表单：浏览者有时要查找一些信息或者申请一些服务时需要向网页提交一信息，这些信息就是通过表单的方式输入到 Web 服务器，并根据所设置的表单处理程序进行加工处理。表单中包括输入文本、单选按钮、复选框和下拉菜单等。

(6) 超链接(超级链接)：是实现网页与网页之间按照一定关系进行跳转的元素。一般情况下，在浏览具有超链接的文本或者图像时，鼠标指针会变成手形。

(7) 动态元素：包括 Flash 动画、GIF 动画、广告横幅、悬停按钮等，这些动态元素让网页不再是一个静止的画面，而更加生动和富有活力。

4. 网页的分类

网页可以从技术上分为静态网页和动态网页。

1) 静态网页

在网页设计中,纯粹的 HTML 格式的网页通常被称为"静态网页",扩展名是 htm、html,可以包含文本、图像、声音、Flash Z 动画、客户端脚本和 Active X 控件及 Java 小程序等。静态网页是网站建设的基础,早期的网站一般都是由静态网页制作的。相对于动态网页而言,静态网页是指没有后台数据库、不含程序和不可交互的网页。静态网页更新起来相对麻烦,适用于一般更新较少的展示型网站。当然,静态也不是完全静止的,也可以有一些动态的效果,如 GIF 格式的动画、Flash 动画、滚动字幕等,如图 1-1 所示。

图 1-1　静态网页

静态网页有以下主要特点：

(1) 静态网页的每个页面都有一个固定的 URL。

(2) 静态网页的内容相对稳定，因此容易被搜索引擎检索。

(3) 静态网页没有数据库的支持，当网站信息量较多时，制作起来比较困难。

(4) 静态网页交互性比较差，服务器不能根据用户的选择调整返回给用户的内容。

2) 动态网页

我们所说的动态网页，与网页上的各种动画、滚动字母等视觉上的动态效果并没有直接的联系。动态网页可以是纯文字的内容，也可以是包含各种动画的内容。

所谓动态网页，是指网页文件里包含程序代码，并通过后台数据与 Web 服务器进行信息交互，由后台数据库提供实时数据更新和数据查询服务。网页的后缀名一般根据不同的程序设计语言而有所不同，常见的有.asp、.jsp、.php、.perl 等。动态网页能够根据不同时间和不同访问者而显示不同内容。常见的 BBS、留言板和购物系统通常用动态网页来实现，如图 1-2 所示。

图 1-2　动态网页

动态网页的制作比较复杂，需要用到 ASP、PHP 和 ASP. NET 等专门的动态网页设计语言。

动态网页的主要特点如下：

(1) 动态网页没有固定的 URL。

(2) 动态网页可以实现更多的功能，如用户注册、用户登录、在线调查、订单管理、用户管理等。

(3) 动态网页以数据库技术为基础，大大降低了网站维护的工作量。

(4) 动态网页不是独立存在于服务器上的网页文件，只有当用户请求时服务器才会返回一个完整的网页。

1.2　常用网页设计软件及工具

1.2.1　Dreamweaver

　　Dreamweaver 是一款网页设计软件，具有可视化的操作环境，可以实现所见即所得的网页设计效果。Dreamweaver 提供强大的网站管理功能，对站内资源统一管理。同时为了适应动态网站的开发，它还提供了强大的代码编写和控制功能，无论是初学者还是专业程序员，都可以使用 Dreamweaver 进行网站设计。在 Dreamweaver 环境中，既可以设计制作独具特色的小型网站，也可以编写出功能强大的网页应用程序，还可以开发结构复杂的网站，其界面如图 1-3 所示。

图 1-3　Dreamweaver 界面

1.2.2　Flash

　　Flash 是一款集动画设计与应用程序开发于一体的软件，具有动画绘制、动作实现、程序编写和动画输出等功能。Flash 以流式控制技术和矢量技术为基础，动画文件短小，同时具有强大的功能，方便创意、设计和编辑动画作品。目前，Flash 在娱乐短片、片头、广告、MTV、导航条、小游戏、产品展示等领域得到广泛应用，如图 1-4 所示。

　　Flash 提供应用程序开发环境，可以编写脚本代码，增强了网络应用程序开发功能，可以直接通过 XML 读取数据，加强了与 ColdFusion、ASP、JSP 和 Generator 的整合，因此基于 Flash 可以开发基于互联网的跨平台应用程序。

HTML 语言。通过 HTML,将所需要表达的信息按某种规则写成 HTML 文件,通过专用的浏览器来识别,并将这些 HTML"翻译"成可以识别的信息,就是现在所见到的网页。

1. 传统 HTML 语言

HTML 是一种用来制作超文本文档的简单标记语言,是构成 Web 页面(Pg)的主要工具,也是用来表示网上信息的符号标志语言。HTML 语言使用"标记"(也叫"标签")来指示 Web 浏览器应该如何显示网页元素,HTML 标记是 HTML 中用来鉴别网页元素的类型、格式和外观的文本字符串。用 HTML 编写的超文本文档称为 HTML 文档,其能独立于各种操作系统平台(如 UNIX、Windows 等)。自 1990 年以来,HTML 就一直被用作 WWW 的信息表示语言,用于描述网页的格式设计和其与 WWW 上其他网页的链接信息。使用 HIML 语言描述的文件,需要通过 WWW 浏览器显示出效果。

传统 HTML 结构语言是指基于 HTML3.2 及之前版本的 HTML 语言。早期的 HTML 语言只能描述简单的网页结构,包括网页的头部、主体以及段落、列表等,随着人们对网页美观化的要求越来越高,HTML 被人们添加了很多扩展功能。例如,可表示文本的颜色字体的样式等功能的逐渐增多,使得 HTML 成为了一种混合结构性语句与描述性语句的复杂语言。然而,在对大量不同样式的文本进行描述时,HTML3.2 版本就显得力不从心了。在每一句话上都不得不添加标签,并书写大量的代码。这些相同的标签除了给书写造成麻烦以外,还容易发生嵌套错误,给浏览器的解析带来困难。

随着网页信息内容的不断丰富以及互联网的不断发展,传统的 HTML 结构语言已不堪重负,人们迫切需要一种新的、简便的方式来实现网页的模块化,降低网页开发的难度和成本。

2. XHTML 结构语言

XHTML 结构语言是一种基于 HTML4.1 与 XML 的新结构化语言。它既可以看作是 HTML4.1 的发展和延伸,又可以看作是 XML 语言的一个子集。XHTML 语言摒弃了所有描述性的 HTML 标签,仅保留了结构化的标签,以减小文件内容对结构的影响,同时减少网页设计代码的输入量。XHTML 的标签、属性、属性值等内容的书写格式都有严格的规范,从而提高了代码在各种平台下的解析效率。无论是在计算机,还是在智能手机、PDA、机顶盒等数字设备中,XHTML 文档都可以被方便地浏览和解析,严格的书写规范可以极大地降低代码被浏览器误读的可能性,同时提高文档解析的速度,提高搜索引擎索引网页内容的概率。

1.3.2 网页脚本语言

如果要制作出动态的、可改变的、具备交互行为的网页页面,就需要为网页引入浏览器脚本语言。下面对此进行具体讲述。

1. 脚本语言

脚本语言是有别于高级语言的一种编程语言,其通常为缩短传统的程序开发过程而创建,具有短小精悍、简单易学等特性,可帮助程序员快速完成程序的编写工作。

脚本语言被应用于多个领域,包括各种工业控制、计算机任务批处理、简单应用程序编写等,也被广泛应用于互联网中。根据应用于互联网的基本语言解释器位置,可以将其分为服务器端脚本语言和浏览器脚本语言两种。

1) 服务器端脚本语言

服务器端脚本语言主要应用于各种动态网页技术，用于编写实现动态网页的网络应用程序。对于网页的浏览器端而言，大多数服务器端脚本语言是不可见的，用户只能看到服务器端脚本语言生成的 HTML/XHTML 代码，服务器端脚本语言必须依赖服务器端的软件执行。

常见的服务器端脚本语言包括应用于 ASP 技术的 VBScript、JScript、PHP、JSP、Perl、CFML 等。

2) 浏览器脚本语言

浏览器脚本语言区别于服务器端脚本语言，是直接插入到网页中执行的脚本语言。网页的浏览者可以通过浏览器的查看源代码功能，查看所有浏览器脚本语言。浏览器脚本语言不需要任何服务器端软件支持，任何一种当前流行的浏览器都可以直接解析浏览器脚本语言。目前，应用最广泛的浏览器脚本语言包括 JavaScript，JScript 以及 VBScript 等。其中，JavaScript 和 JScript 分别为 Netscape 公司和微软公司开发的 ECMAScript 标准的实例化子集，语法和用法非常类似。

2. 标准化的 ECMAScript

ECMAScript 是 W3C 根据 Netscape 公司的 JavaScript 脚本语言制定的、关于网页行为的脚本语言标准。根据该标准制订出了多种脚本语言，包括应用于微软 Internet Explorer 浏览器的 JScript 和用 Flash 脚本编写的 ActionScript 等。

ECMAScript 具有基于面向对象的开发方式、语句简单、响应交互快速、安全性好和跨平台等优点。目前，绝大多数的网站都应用了 ECMAScript 技术。

3. 标准化的文档对象模型

文档对象模型 (Document Object Model，DOM)是根据 W3C DOM 规范而定义的一系列文档对象接口。文档对象模型将整个网页文档视为一个主体，文档中包含的每一个标签或内容都被其视为对象，并提供了一系列调用这些对象的方法。

通过文档对象模型，各种浏览器脚本语言可以方便地调用网页中的标签，并实现网页的快速交互。

1.3.3　动态网页编程技术

下面讲述常见的几种动态网页制作技术。

1. ASP 技术

ASP(Active Server Pages，动态服务网页)是微软公司开发的一种由 VBScript 脚本语言或 JavaScript 脚本语言调用 FSO(File System Object，文件系统对象)组件实现的动态网页技术。

ASP 技术必须通过 Windows 的 ODBC 与后台数据库通信，因此只能应用于 Window 服务器中。ASP 技术的解释器包括两种，即 Windows 9X 系统的 PWS 和 Windows NT 系统的 IIS。

2. ASP.NET 技术

ASP.NET 是由微软公司开发的 ASP 后续技术，其可由 C#、VB.NET、Perl 及 Python

等编程语言编写，可通过调用 System. Web 命名空间实现各种网页信息处理工作。

ASP. NET 技术主要应用于 Windows NT 系统中，需要 IIS 及 . NET Framework 的支持。通过 Mono 平台，ASP. NET 也可以运行于其他非 Windows 系统中。

3.　JSP 技术

JSP(Java Server Pages，Java 服务网页)是由 Sun(太阳)公司开发的，以 Java 编写，动态生成 HTML、XML 或其他格式文档的技术。

JSP 技术可应用于多种平台，包括 Windows、 Linux、UNIX 等。JSP 技术的特点在于，如果客户端第一次访问 JSP 页面，服务器将先解释源程序的 Java 代码，然后执行页面的内容，因此速度较慢。而如果客户端是第二次访问，则服务器将直接调用 Servlet，无须再对代码进行解析，因此速度较快。

4.　PHP 技术

PHP(Personal Home Page，个人主页)是一种跨平台的网页后台技术，最早由丹麦人 Rasmus Lerdorf 开发，并由 PHP Group 和开放源代码社群维护，是一种免费的网页脚本语言。PHP 是一种应用广泛的语言，其多在服务器端执行，通过 PHP 代码产生网页并提供对数据库的读取。

1.4　网站制作流程

网站制作是一个由网页界面设计、网页制作、数据库开发和动态应用程序编写等一系列工作构成的系统工程。

1.4.1　网站制作的前期准备工作

在网站建设之前，需要对与网站建设相关的互联网市场进行调研和分析，同时也需要收集各种相关的信息和资料，为网站建设提供必要的前期数据支撑，并为网站项目提供决策依据。

1.　市场调研与分析

网站建设的市场调研包括用户需求分析、企业自身情况分析和竞争对手情况等内容，企业网站能否为目标用户所接受是网站生存和发展的前提，而网站客户需求分析是实现这一目标的关键环节。在建设网站之前，必须明确网站为哪些用户提供服务，这些用户需要什么样的服务，要充分挖掘用户表面的、内在的、具有可塑性的需求信息，明确这些用户获得信息的规模和方式，如信息量、信息源、信息内容、信息表达方式和信息反馈等。只有这样，建设出来的网站才能够为客户提供最新、最有价值的信息。

从建设互联网平台的角度，对企业自身情况进行分析和评价，充分了解企业能够向目标用户提供什么样的产品、什么样的服务，实现产品和服务的业务流程是什么，以及企业的其他可用资源等。另外，有些产品和服务适合于实体销售，有些产品适合于网络平台销售，因此有必要明确哪些产品和服务由网站提供，以什么方式提供。

通过互联网或其他方式对竞争对手情况，尤其是竞争对手的网络平台情况进行调查和分析，了解同类企业或主要竞争对手企业是否已经建设了网站，其网站的定位如何，提供了哪些信息和服务，这些网站有哪些优点和缺点，并从中获得建设自身网站的启示。

在做完市场调查后应进行综合分析，确定建设企业网站能否做到对企业产品进行整合，对产品销售渠道进行扩充，最终起到提高企业利润、降低成本的作用。

2. 收集和整理资料

收集和整理资料为网站建设提供基础素材。收集和整理资料是一个持续的过程。在建设网站之前，应尽量收集相关资料；在建设网站过程中，还需要进一步补充和完善资料，不断丰富网站内容。

从资料的内容形式上，一般收集的资料包括文字资料、图片资料、视频资料和音频资料等。从资料内容分类上，一般包括企业基本情况介绍、产品分类、产品信息、服务项目、服务流程、联系方式、企业新闻、行业新闻等，资料的收集应尽量全面完整，同时尽量收集电子数码资料，如数字照片等，方便后期使用。

3. 网站定位

在做完市场调查和分析以及资料收集的基础之上，初步确定网站的定位，包括大致内容和结构、页面颜色基调以及技术架构等。

一般来说，网站内容包括各种文本、图形图像和音频视频信息，它直接影响到网站页面创意、布局以及架构的确定，也影响到网站的受欢迎程度。

通过市场调查和分析，对页面创意的风格和色彩基调要有一个基本设想，对网站的栏目设置、页面结构、页面创意要做到心中有数，在技术架构方面，需要明确是建设动态网站还是静态网站，以及网站规模大小等。采用何种技术架构将决定网站制作和维护的成本，这是企业应该重点关注的问题。

1.4.2　网站建设方案实施

在网站建设方案实施过程中，应根据前期准备工作，具体规划网站的栏目和布局、页面设计风格和外观效果，确定网站所使用的各种技术，完成网站制作的全部工作。

1. 规划网站

规划网站实际上是网站定位的一个延续，网站定位是规划网站的基础和前提，网站规划将全面落实网站定位，网站规划越详尽，方案实施就越规范。

无论是开发静态网站还是动态网站，必须明确开发网站的软硬件环境、网站的内容栏目和布局、内容栏目之间的相互连接关系、页面创意风格和色彩，以及网站的交互性、用户友好性和功能性等。如果建设动态网站，还需要对数据库和 Web 应用技术以及脚本语言的选择和使用做出规划。最后，根据网站规划，撰写网站开发时间进度表，指导和协调后续的工作。

2. 页面设计

当前网站建设越来越重视页面的创意和外观设计效果，尤其一些个性化的网站、提供时尚类产品和服务的网站、具有美术和艺术背景的网站等，都非常关注页面布局和画面创意的艺术效果，独到的创意和优美的页面有助于提升企业的个性化形象。

通常，我们在设计网站时采用图形图像类软件进行创意和设计，对页面中的色彩、网页设计元素以及结构布局进行尝试、编排和组合，形成静态的设计效果。确定页面设计效果后，可以使用切片等功能，导出网页制作所需的网页文档格式。当然我们也可以采用动画软件设计出动感十足、富于变化的页面效果。但动画效果的页面容易造成加载速度缓慢、等待时间过长、影响浏览效果等问题出现。

3. 静态网页制作

如果网站用户交互要求低，或网站数据更新少，可以用静态技术制作网站。静态技术相对简单，如各种布局方式(CSS+Div 方式、表格方式、框架方式等)、模板，以及各种导航条的设计和制作方法等。

4. 动态网页制作

在一些大中型网站建设中，除了使用静态网页技术之外，更重要的是采用动态网页技术。比较小型的网站可以使用 ASP 技术，而对于大中型网站，采用 ASP.NET 技术能够获得更高的安全性和可靠性；也可以使用 JSP 技术或 PHP 技术等。动态网页制作中数据库的选择也尤为重要，它要考虑数据规模、操作系统平台以及 Web 应用技术等因素。小型应用可用 Access 数据库，大型应用选择 SQL Server 数据库，或者更大型的数据库，如 Oracle，还可以使用 MySQL Server 数据库等。

前台设计更关注用户的需要和感受，也是实现与用户交互的场所，可以先制作静态页面，再应用脚本程序和数据库技术，完成动态内容的设计与制作；后台设计更侧重于满足管理和维护系统的需要、开发数据库和数据表、编写各种管理和控制程序等。

5. 整合网站

当设计、制作和编程工作结束后，需要将各部分按照整体规划进行集成和整合，形成完整的系统。在整合过程中，需要对各个部分以及整合后的系统进行检查，发现问题及时调整和修改。

在网站建设过程中，前期准备工作中的网站定位具有承上启下的作用，它与方案实施阶段的网站规划密切相关。网站定位指导网站规划，网站规划是网站定位的具体实现，有时两个环节相互交叉融合，没有明显的界线。

1.4.3　网站建设的后期工作

网站建成后，还要完成一系列的网站测试、网站发布、网站推广和维护等后期工作，网站后期工作进展得是否顺利，完成得是否到位，直接影响到网站各种设计和功能的发挥，影响到用户的认知度、满意度和美誉度，最终影响到网站的盈利能力和发展空间。所以，网站建设的后期工作也是网站建设中重要的一个环节。

1. 网站测试

网站测试包括测试网站运行的每个页面和程序，其中兼容性测试、超链接测试是必选的测试。兼容性测试就是测试网站在不同操作系统上，使用不同浏览器时的运行情况。超链接测试确保网站的内部链接和外部链接源端与目标保持一致。在 Dreamweaver 中，提供了浏览器兼容测试和超链接检查的命令，方便易行。

对于动态网站，我们需要测试每一段程序代码能否实现其相应功能，尤其是数据库测试和安全性测试极其重要。数据库测试主要检查在极端数据情况下，数据读取等操作的可行性；安全性测试主要检查后台的管理权限能否被突破，防止管理员账户被非法获取。

2. 网站发布

完成网站测试后，可将网站发布到互联网上，供用户浏览访问。目前大多数 ISP 公司都向广大用户提供域名申请、有偿或免费的服务器空间等其他配套服务。

网站发布包括申请域名、申请服务器空间和上传网站内容，具体讲述如下：

第一，企业需要申请一个或多个域名，域名应简单易记，最好与企业名称和品牌相关，以保证与企业标识的一致性。

第二，根据网站规模和需要，向互联网数据公司申请服务器空间。对于不以营利为目的的个人，可以申请免费的服务器空间，从几兆字节到几百兆字节不等。对于小型企业，可以申请物美价廉的服务器空间，从几百兆字节到几千兆字节，甚至更多。

第三，完成远程站点的设置。为方便网站的调整和维护，可以使远程站点与本地站点保持同步。在 Dreamweaver 中提供了多种方式，其中 FTP 方式最为方便。

第四，将网站内容上传到服务器。一般来说，第一次要上传整个站点内容，以后在更新网站内容时，只需要上传被更新的文件即可。

3. 网站推广

网站推广的目的是让更多用户浏览网站，了解网站的产品和服务内容。常用的网站推广方式包括注册搜索引擎，使用网站友情链接，以及利用论坛、博客和电子邮件等方式进行推广。其中注册搜索引擎是最直接和有效的方法，可以在知名的搜索引擎(如百度、谷歌等)上主动注册网站的搜索信息，达到迅速推广的目的；或者通过在同行或相关行业网站中，建立网站的相互链接，另外也可通过论坛、博客、QQ 和电子邮件等方式发布网站信息进行低成本推广。

4. 网站维护

网站不是一成不变的，要随着时间的推移、市场的变化做出适当的改变和调整，给人以新鲜感。

在日常维护中，应经常更新网站栏目，如行业新闻，添加一些活动窗口，如新年寄语等，可根据不同的活动进行设置。

当网站发布较长时间以后，需要对网站的风格、色彩、内容和栏目等进行较大规模的调整和重新设计，让用户体会到企业和网站积极进取的风貌。在网站改版时，既要让用户感到积极变化，又不能让用户产生陌生感。

本 章 小 结

本章讲述了网页设计与制作的基础知识。首先，介绍了网页的基础概念，包括 Internet 基础、网页和网站的概念、静态网页与动态网页的区别；之后分别讲述了 HTML 与 XHTML、网页脚本语言、动态网页编程语言等网页制作技术以及 Dreamweaver、Photoshop、Flash、

Fireworks 等网页制作的常用工具；最后对网站的制作流程进行了详细讲述，包括网站制作的前期准备工作、网站建设的实施方案及网站建设后期工作等内容。

思考与练习

1．什么是 WWW?

2．网页的基本元素有哪些？

3．动态网页和静态网页的区别是什么？动态网页有什么特点？

4．网站的制作流程包括哪些内容？

本章参考文献

[1]　高婷婷. 网页设计与制作教程[M]. 北京：清华大学出版社，2015.

[2]　修毅. 网页设计与制作[M]. 北京：人民邮电出版社，2016.

[3]　马丹. DreamweaverCC 网页设计与制作[M]. 北京：人民邮电出版社，2016.

第 2 章　网页美工与设计

学习目标

· 理解 Photoshop 的基本概念。
· 掌握 Photoshop 的使用技巧。
· 掌握 Photoshop 在网页设计中的应用及方法。
· 掌握使用 Photoshop 打造一个企业网站首页的方式。

　　Photoshop 作为桌面数字处理的主流软件，其功能非常强大。本章将讲解 Photoshop 基础入门知识和使用技巧。对于初学者，需仔细学习和上机实际操作本章所讲内容，尽量达到熟练的程度，这样对后面章节的实例教程学习更易上手和理解；对于已经掌握 Photoshop 基本操作的用户，可直接跳过本章，学习后面章节的其他实例教程。

　　Adobe Photoshop 是专业图像编辑标准，也是 Photoshop 数字图像处理产品系列的旗舰产品。目前 Photoshop 在桌面数字图像处理方面已是绝大多数设计师的首选软件，其强大的图像制作工具可帮助用户实现品质卓越的效果。借助于其前所未有的灵活性，用户可以根据自己的需要自定义 Photoshop。此外，Photoshop 还提供更高效的图像编辑、处理以及文件处理功能，且并未降低效率。

2.1　初识 Photoshop

2.1.1　Photoshop 诞生及发展

　　1987 年的秋天，研究生 Thomas Knoll，为了在 Macintosh Plus 机上显示灰阶图像，在密歇根大学编制了一个程序。最初他将这个软件命名为 display，后来这个程序被他哥哥 John Knoll 发现了。Jonh Knoll 就职于工业光魔(此公司曾给《星球大战》做特效)，他建议 Thomas 将此程序用于商业中。John 也参与了早期开发，插件就是他开发的。在一次演示产品的时候，有人建议 Thomas 这个软件可以叫作 Photoshop，Thomas 很满意这个名字，后来就保留下来了，直到被 Adobe 收购后，这个名字仍然被保留。

　　Photoshop 软件版本的发展过程如表 2-1 所示。

表 2-1　Photoshop 软件版本的发展过程

版本	年份	相关功能及插件介绍
1.0.7	1990.2	第一个版本只有一个 800KB 的软盘(Mac)
2	1991.6	增加的 CYMK 功能使得印刷厂开始把分色任务交给用户,一个新的行业桌上印刷(Desktop Publishing－DTP)由此产生。2.0 的新功能包括支持 Adobe 的矢量编辑软件 Illustrator 文件、Duotones 以及 Pen tool(笔工具)。最低内存需求从 2 MB 增加到 4MB。2.5 版本增加了 Palettes 和 16 b 文件支持,主要特性通常被公认为支持 Windows
3	1994.9	增加了图层功能
4	1997.6	决定把 Photoshop 的用户界面和其他 Adobe 产品统一化,程序使用流程也有所改变
5	1998.5	引入了 History(历史记录)的概念,这和一般的 Undo 不同,在当时引起了业界的欢呼。色彩管理也是 5.0 的一个新功能,尽管当时引起了一些争议,但此后被证明,这是 Photoshop 历史上的一个重大改进。5.5 主要增加了支持 Web 功能和包含 Image Ready 2.0
6	2000.9	改进了其他 Adobe 工具交换的流畅性
7	2002.3	增加了 Healing Brush 等图片修改工具,还有一些基本的数码相机功能,如 Exif 数据、文件浏览器等
8.0(CS)	2003.1	CS 是 Adobe Creative Suite 一套软件中后面两个单词的缩写,代表"创作集合",是一个统一的设计环境,将全新版本的 Adobe Photoshop CS2、Illustrator CS2、InDesign CS2、GoLive CS2 和 Acrobat 7.0 Professional 软件与新的 Version Cue CS2、Adobe Bridge 和 Adobe Stock Photos 相结合。
CS3	2007.7	最大的改变是工具箱变成可伸缩的,可为长单条和短双条。工具箱的选择工具选项中,多了一个组选择模式,可以自己决定选择组或者单独的图层;多了一个"克隆(仿制)源"调板,是和仿制图章配合使用的,允许定义多个克隆源(采样点),就好像 Word 有多个剪贴板内容一样
CS4	2008.9	支持 3D 和视频流、动画、深度图像分析
CS5	2010.4	CS5 加入了全面改进后的高清视频渲染引擎 Mercury,尤其是其视频处理软件 Premiere Pro。CS5 的另一个亮点是新增了一款软件 Flash Catalyst,这款新的软件将作为 Flash 的另一个选择,专门为设计师和美工量身定做,以挑战微软 Expression Studio
CS6	2012	Photoshop CS6 新功能的亮点是修复工具,它方便又神奇
CC	2013	所有 CC 软件取消了传统的购买单个序列号的授权方式,改为在线订阅制。用户可以按月或按年付费订阅,可以订阅单个软件也可以订阅全套产品

版本	年份	相关功能及插件介绍
CC2014	2014	新功能包括智能参考线增强、链接的智能对象的改进、智能对象中的图层复合功能改进、带有颜色混合的内容识别功能加强、Photoshop 生成器的增强、3D 打印功能改进；新增使用 Typekit 中的字体、搜索字体、路径模糊、旋转模糊、选择位于焦点中的图像区域等
CC2015	2015.6	新功能主要是针对其中的 3D 功能、云同步、智能对象、Layer Comps 等
CC2017	2016.10	新功能包括新增自定义模板、全面搜索、无缝衔接 Adobe XD、更好支持 SVG 字体、更强大的抠图和液化功能等更多内容
CC2018	2017.10	添加"学习"面板、动态工具提示，有效帮助新手入门；画笔多项优化，绘制功能增强；钢笔新工具新增加"弯度钢笔工具"等

2.1.2 Photoshop 概述

Adobe Photoshop 是由 Adobe 公司开发设计的图形处理软件。它的功能很强大，主要处理位图图形，广泛用于对图片、照片进行效果制作及对在其他软件中制作的图片做后期效果加工。比如，在 CorelDraw，Illustrator 中编辑的矢量图像，再输入 Photoshop 中做后期处理。下面简要介绍 Photoshop 中一些名词的概念。

1. 像素

在 Photoshop 中，像素是组成图像的基本单元。一个图像由许多像素组成，每个像素都有不同的颜色值，单位面积内的像素越多，分辨率(ppi)就越高，图像的效果越好。每个小方块为一个像素，也可以称为栅格。

2. 位图和矢量图

位图是由像素组成的，也称为像素图或者是点阵图，图的质量是由分辨率决定的。一般来讲，通常用 72 分辨率就可以，如果是用于彩色打印，则需要 300 分辨率左右。

矢量图的组成单元是描点和路径。无论放大多少倍，它的边缘都是平滑的。尤其适用于做企业标志。

3. 图像分辨率

图像分辨率的单位是 ppi(pixel per inch)，就是指每英寸包含的像素数量。图像分辨率越高，所包含的像素越多，成像质量越好，文件也越大。

4. 色彩模式

常见的色彩模式包括位图模式、灰度模式、双色调模式、HSB 模式、RGB 模式、CMYK 模式、Lab 模式、索引模式、多通道模式等。色彩模式可以确定图像中能显示的颜色数量，还会影响图像的通道数和文件大小。

5. RGB 模式

RGB 模式是由红(R)、绿(G)、蓝(B)三种颜色的光线构成的，主要应用于显示器屏幕的显示，也被称为色光模式。 每一种光线从 0～255 被分为 256 个色阶，0 表示这种光线没有，255 代表这种光线最饱和的状态。当三种颜色亮度相同时产生灰色，当三种亮度都是 255 时产生白色，当三种亮度都是 0 时就产生黑色，如图 2-1 所示。

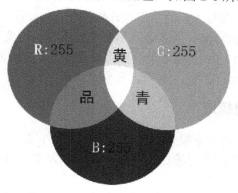

图 2-1　RGB 模式

6. CMYK 模式

CMYK 模式是由青(C)、品(M)、黄(Y)、黑(K)四种颜色的油墨构成的，主要应用于印刷品，因此也被称为色料模式。两两相加就形成了红、绿、蓝三色，如图 2-2 所示。

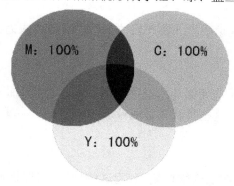

图 2-2　CMYK 模式

2.1.3　Photoshop 特点

PS 是由 Adobe 开发的，其全称是 Photoshop。主要应用于图像处理，使用 PS 可以快速地根据自己的创意与构思，使用图像、矢量图形等进行设计。

PS 在图像处理方面有着不可替代的优点，主要体现在以下几个方面：

1. 功能强大

PS 拥有强大的选择、调色工具，可以快速地对图像进行选取和颜色调整。另外，PS 还拥有功能强大的内置滤镜和第三方滤镜，实现一些文字、波浪等特殊效果的制作。

2. 易学易用

虽然 PS 的功能强大、专业性强，但其学习成本非常低。通常只需简单的学习，即可基本掌握该软件的使用，并可以进行简单的图像处理。

3. 兼容性好

PS 可以在苹果、Windows 等平台下使用，在 Linux 下通过 Wine 也可以使用。

虽然 PS 拥有那么多的优点，但也有一些缺点，主要体现在，掌握基础的使用非常简单，要想得到更高的技能，除了拥有专业的平面设计知识外，在设计技能上的提高非常不容易。

网页作为 Web 应用中的界面，为了能吸引更多的流量，需要对界面进行精心的设计，然而目前并无此类专业软件。PS 作为专业的图像处理软件，恰恰可以满足这一需求。因此，PS 在现代的网页设计中得到了广泛的应用，具有了不可替代性。

2.1.4　Photoshop 应用领域

Photoshop 是 Adobe 公司旗下最为出名的图像处理软件之一，集图像扫描、编辑修改、图像制作、广告创意，图像输入与输出于一体，深受广大平面设计人员和电脑美术爱好者的喜爱。

Adobe 公司成立于 1981 年，是美国最大的个人电脑软件公司之一。多数人对于 Photoshop 的了解仅限于"一个很好的图像编辑软件"，并不知道它的诸多应用。实际上，Photoshop 的应用领域很广泛，在图像、图形、文字、视频、出版各方面都有涉及。下面对 Photoshop 的应用领域进行介绍。

1. 广告摄影

广告摄影作为一种对视觉要求非常严格的工作，其最终成品往往要经过 Photoshop 的修改才能得到满意的效果。

2. 平面设计

平面设计是 Photoshop 应用最为广泛的领域，无论是我们正在阅读的图书封面，还是大街上看到的招贴、海报，这些具有丰富图像的平面印刷品，基本上都需要 Photoshop 软件对图像进行处理。

3. 修复照片

Photoshop 具有强大的图像修饰功能。利用这些功能，可以快速修复一张破损的老照片，也可以修复人脸上的斑点等缺陷。

4. 影像创意

影像创意是 Photoshop 的特长，通过 Photoshop 的处理可以将原本风马牛不相及的对象组合在一起，也可以使用"狸猫换太子"的手段使图像发生面目全非的巨大变化。

5. 艺术文字

当文字遇到 Photoshop 处理，就已经注定不再普通。利用 Photoshop 可以使文字发生各种各样的变化，并利用这些艺术化处理后的文字为图像增加效果。

6. 网页制作

网络的普及是促使更多人掌握 Photoshop 的一个重要原因。因为在制作网页时 Photoshop 是必不可少的网页图像处理软件。

7. 建筑效果图后期修饰

在制作建筑效果图包括许多三维场景时，人物与配景包括场景的颜色常常需要在

Photoshop 中增加并调整。

8. 绘画

由于 Photoshop 具有良好的绘画与调色功能，许多插画设计制作者往往使用铅笔绘制草稿，然后用 Photoshop 填色的方法来绘制插画。

除此之外，近些年来非常流行的像素画也多为设计师使用 Photoshop 创作的作品。

9. 绘制或处理三维贴图

三维软件能够制作出精良的模型，却无法为模型应用逼真的贴图，也无法得到较好的渲染效果。实际上在制作材质时，除了要依靠软件本身具有的材质功能外，利用 Photoshop 可以制作在三维软件中无法得到的合适的材质。

10. 婚纱照片设计

婚纱影楼通常使用数码相机拍摄照片，这也使得婚纱照片设计的处理成为一个新兴的行业。

11. 图标制作

虽然使用 Photoshop 制作图标在感觉上有些大材小用，但使用此软件制作的图标的确非常精美。

12. 界面设计

界面设计是一个新兴的领域，已经受到越来越多的软件企业及开发者的重视，虽然暂时还未成为一种全新的职业，但相信不久一定会出现专业的界面设计师职业。在当前还没有用于做界面设计的专业软件，因此绝大多数设计者使用的都是 Photoshop。

13. 视觉创意与设计

视觉创意与设计是设计艺术的一个分支，此类设计通常没有非常明显的商业目的。但由于它为广大设计爱好者提供了广阔的设计空间，因此越来越多的设计爱好者开始学习 Photoshop，并进行具有个人特色与风格的视觉创意。

上述列出了 Photoshop 应用的 13 大领域，但实际上其应用不止上述这些。例如，影视后期制作及二维动画制作，Photoshop 也有所应用。

2.2　Photoshop 基本操作

2.2.1　用户界面和工具箱

Photoshop 操作界面非常人性化，使用很方便。工具箱和面板高度整合，用户可以使用预设的窗口布局模式或者自定义窗口布局模式。

1. 用户界面

Photoshop 窗口布局如图 2-3 所示，包括标题栏、菜单栏、选项栏、工具箱、图像编辑窗口和浮动面板等元素。

图 2-3　用户界面图

1) 标题栏

标题栏显示软件名称，如将当前正在编辑图像最大化显示的时候，标题栏便显示当前窗口中编辑图像的名称、显示比例和图像模式等属性。

2) 菜单栏

在菜单栏包含了所有 Photoshop 菜单功能命令。按照不同的功能和使用目的，将菜单分类放置在相应的类别中。由于菜单中又包含下一级子菜单，所以叫作"级联菜单"。

3) 选项栏

选项栏内显示当前工具的各种选项或参数，方便修改这些选项参数，如图 2-4 所示。

图 2-4　选项栏

4) 工具箱

工具箱中包含了所有 Photoshop 的工具，为方便使用可进行任意排列。一些工具按钮右下角有黑色箭头，其内隐藏了类似的工具，按住有黑色箭头的工具按钮 3 秒，即弹出隐藏工具，如图 2-5 所示。

5) 图像编辑窗口

编辑和处理图像都在该窗口内完成，按下<F>键，可将窗口的状态进行改变，如改变窗口状态为全屏等。在窗口顶部显示当前正在编辑的文件的名称或属性，窗口底部显示当前窗口的显示状态、文档大小等，如图 2-6 所示。

图 2-5　工具箱　　　　　　　　　　图 2-6　图像编辑窗口

6) 浮动面板

浮动面板的功能非常强大，对于提高工作效率十分有用。每个面板都有它不同的功能和作用，新版 Photoshop 的浮动面板和以前版本的浮动面板相比，改动较大。在 CS3 版本中，将所有面板进行了整合，所有操作都非常自动化和人性化，如当对整个 Photoshop 窗口进行缩放时，浮动面板会紧贴右侧的边框自动调节，而不像以前版本的浮动面板是固定不动的，如图 2-7 所示。

图 2-7　浮动面板

2．工具箱内常用工具及使用技巧

　　工具箱中包含了最常用的工具，可将经常使用或非常有效的功能集中在一个地方，分类有序地排列在一起。在 Photoshop 中，工具箱可以以单排的形式陈列，以前其他版本都是以双排的形式。单排使屏幕操作区域更大，操作更方便。

　　1）工具名称

　　在工具按钮上有三角箭头的，表示该工具里边有隐藏的相关工具，按住有按钮的工具 1 秒以上，就会弹出隐藏工具。工具箱里的工具名称如图 2-8 所示，在同一个方框里的工具表示集成在同一个工具按钮内。

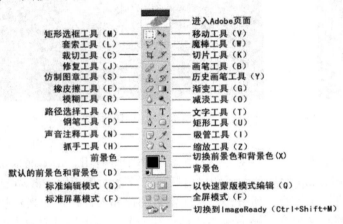

图 2-8　工具箱内常用工具

2）选区的操作技巧

(1) 创建和移动选区。

　　选框工具可用于创建选区，分别有"矩形选框工具"、"椭圆选框工具" 、"单行选框工具"和"单列选框"工具。选中"矩形选框工具"，在画布上随意拖动鼠标，即可创建一个选区，如图 2-9 所示。按下<Ctrl+D> 组合键可取消选区。

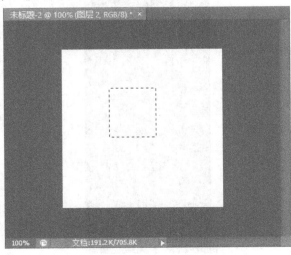

图 2-9　创建选区

　　将鼠标放在选框内部，当鼠标右下角显示出一个虚线的矩形方框时，拖动鼠标可对选区进行移动操作。在对选区进行拖动的时候，鼠标右下角显示为一个黑色小三角图形。

　　(2) 在原选区基础上增加新的选区。

　　创建好的选区，可再次进行编辑修改，按下<Shift> 键，当鼠标右下角显示为一个加符号时，可在原来的选区上添加选区范围。拖动鼠标，绘制出另一个选区，放开鼠标，新选区和原来的选区相加，即布尔运算所讲的"相加"操作，如图 2-10 所示。

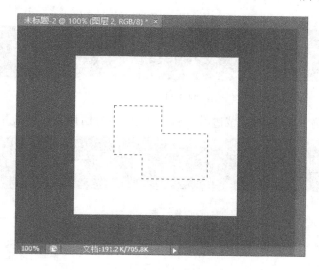

图 2-10　增加选区范围

　　3) 移动工具

　　移动工具是最常用的工具之一，用于移动图形、选区或辅助线等。

　　4) 套索工具

　　套索工具可创建自由不规则的选区。选择"套索工具"后，可在编辑区域随手绘制，创建任意选区。

　　套索工具对选区的操作和上边的步骤一样，可对选区进行布尔运算的"相加"、"相减"和"相交"操作。同时按下<Shift+Alt>组合键，在原来的选区上可随手绘制一个新的选区。用其他选区工具，如"多边形套索工具"进行操作时，原理也是一样。

　　5) 魔棒工具

　　魔棒工具用来在不同颜色区域之间快速创建选区，并可对选区进行布尔运算，并以更方便、更快速的方式创建选区。

　　6) 裁切工具

　　如只想保留图片的其中一部分，可选择"裁切工具"，对不需要的部分进行裁切。

　　7) 切片工具

　　(1) 选择"切片工具"，在做好的图片上绘制要切片的区域，如图 2-11 所示。如将 Logo 切为独立的一个图片区域，其操作为直接拖动切片线框四周的手柄，对切片的范围进行调整。

图 2-11　切片

(2) 用相同的方法对其他区域进行切片，图 2-12 为切片完成后效果。

图 2-12　切片完成后

8) 设置切片输出

完成所有切片的划分后，可对每个切片进行命名，以方便在 Dreamweaver 里编辑。依次单击"文件"—"存储为 Web 格式"，打开存储为 Web 格式选项卡，如图 2-13 所示。

在图片格式设置选项卡里边，可对图片的图片格式、输出大小等进行设置。如果图片较大，并且希望显示精确度高一些，可将图片设置为 JPEG 格式。如果图片较小，并且希望图片体积较小，方便网页的传输，可将图片设置为 GIF 格式。

(1) 抓手工具。抓手工具用于移动编辑区域，对显示范围进行移动。

(2) 切片选择工具。对编辑区域的切片进行单独选择，以便对单个切片的图片格式或名称进行单独设置。

(3) 缩放工具。放大缩小编辑区域。

(4) 颜色拾取工具。拾取编辑区域图片其中一处的颜色值。

(5) 拾取颜色。显示当前拾取工具所拾取的颜色。

(6) 显示模式切换。将所有切片框隐藏，显示图片本身，再次单击可恢复原状。

(7) 编辑区域。在编辑区域可对切片进行命名，双击任一切片，弹出切片选项卡，如图 2-14 所示。

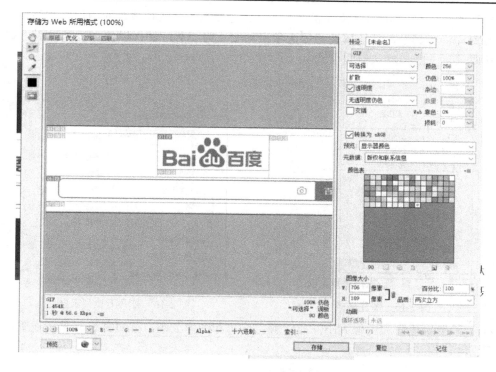

图 2-13　存储为 Web 格式选项卡

图 2-14　切片选项卡

(8) 切片信息。显示当前选中切片的详细属性参数。

(9) 显示方式。可将编辑区域分成二屏或四屏来显示，以便于对比查看。

(10) 设置图片格式。选择"预设"，以快速设置图片的格式，如图 2-15 所示，可将图片保存为 GIF、JPEG 或 PNG 格式。GIF 格式优点是图片文件较小，缺点是颜色范围最大只有 218 种。如果希望图片的颜色更好，不考虑网络传输的关系，可选择 JPEG 图片格式。JPEG 的优点是保存的颜色范围较大，但同时图片文件也较大，可以选择保存的质量分为高、中、低三种，图片质量越低，文件也相应较小。PNG 格式是网页专用图片格式，优点是可将图片保存为透明无背景。

打开如图 2-16 所示的下拉列表框，可快速选择系统默认较适合的图片格式类型。选择不同的图片格式类型，其他属性参数选项自动变化为相对应的，以便于进行设置。如无其他特殊要求，一般按默认值即可。

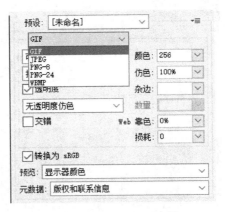

图 2-15　图片格式　　　　　　　　　　图 2-16　打开下拉列表框

(11) 设置颜色表和图像大小。显示颜色信息和图像大小，并对其进行重新设置，如图 2-17 所示。

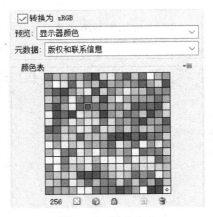

图 2-17　图片大小

(12) 存储并输出网页文件。

单击"保存"按钮，将图片输出为 Web 网页格式，弹出"保存"选项卡，如图 2-18 所示。在"保存类型"下拉列表中可选择要保存的格式，分别有三种方式。

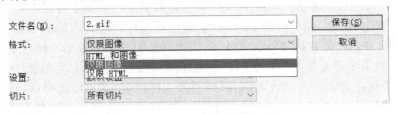

图 2-18　保存类型

① HTML 和图像。保存 HTML 网页文件和图片。选择这种方式后，系统将在选择的目录内自动创建 images 文件夹，用于存放所有切片图片，并同时生成一个 HTML 格式的网页文件，如图 2-19 所示。打开生成的 HTML 格式的文件，可以浏览网页在 IE 中的效果，如图 2-20 所示。

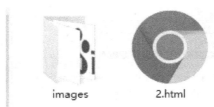

图 2-19　保存后的文件夹和文件

图 2-20　在 IE 中浏览

② 仅限图像。只保存图片。选择这种方式后，只将全部切片保存在系统自动生成的 images 文件夹内，没有 HTML 网页文件生成。通常对图片进行了修改后，选择这种方式，用于替换修改后的图片，并不对整个网页文件进行全面替换。

③ 仅限 HTML。只保存 HTML 网页文件。选择这种方式后，只生成 HTML 网页格式文件，并不将切片输出，在 IE 浏览器中浏览，效果如图 2-21 所示。打叉的位置表未找到图片，只将所有切片的信息进行了保存。

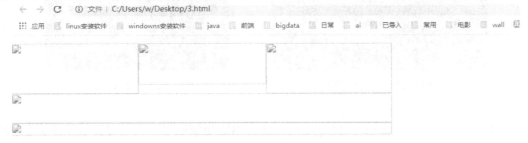

图 2-21　HTML 网页文件

在"设置"下拉列表中可对保存的网页文件的语言格式类型进行设置，如图 2-22 所示。一般按默认即可。

"切片"下拉列表可设置保存的内容是全部或者只有选择的部分，如图 2-23 所示。如选择"所有切片"选项即保存全部切片内容；选择"选中的切片"选项即只将选中的切片输出。只将选中的切片输出一般用于对图片进行了修改后的替换。在输出时，只需要找到保存的目录，无须修改保存的文件名。因保存图片的文件夹系统默认为 images，在保存时，如有同名的切片，则会提醒用户，是否进行替换。

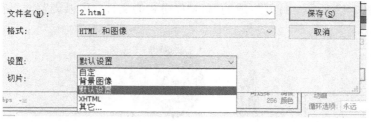

图 2-22　保存设置

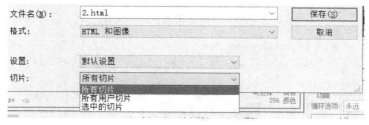

图 2-23　保存选项

9) 仿制图章工具

仿制图章工具可将某一区域的图形复制到另一处。首先，按下<Alt>键并在要仿制的源位置单击，如图 2-24 所示。在要复制的位置涂抹，复制图形效果，如图 2-25 所示。

图 2-24　仿制图章工具　　　　　　　　　图 2-25　完成效果

10) 画笔工具

画笔工具可自由地在画布上绘制图形，选择不同的笔刷类型，可以绘制出不同的图形效果，也可以将其他笔刷效果导入，创作独特的图形效果。

11) 修补工具

修补工具是从 Photoshop CS2 版本开始新增的功能，相对于仿制图章工具而言，操作更方便简捷，边缘融合更完美。如图 2-26 所示，在女孩的脸上有一处污点，用"修补工具"可以快速将其去除。

按下"修复画笔工具"1 秒以上，在弹出的隐藏工具里边选择"修补工具"。勾绘有污点的位置，将有污点的区域选取，如图 2-27 所示。拖动选区到类似的区域进行仿制，如图 2-28

所示。完成效果如图 2-29 所示。

图 2-26　原始图片

图 2-27　勾绘污点区域图

图 2-28　进行仿制

图 2-29　效果图

12) 橡皮擦工具

橡皮擦工具实际上是用背景颜色对图形进行填充，类似于画笔工具。将背景颜色设置为白色，在画布上涂抹，对涂抹区域填充白色，如图 2-30 所示。

图 2-30　橡皮擦工具

13) 渐变工具

渐变工具用于在画布上填充渐变颜色，可设置各种渐变效果。基本的渐变类型介绍如下。

(1) 线性渐变，以直线的方式渐变。

选择"渐变工具"和"渐变颜色"，在画布上从左向右拖动鼠标绘制，如图 2-31、2-32 所示。

图 2-31　绘制

图 2-32　效果

(2) 径向渐变，由中心向外渐变。

选择"渐变工具"和"渐变颜色"，在画布上从中心向右下角拖动鼠标绘制，如图 2-33 所示，效果如图 2-34 所示。

图 2-33　径向渐变绘制

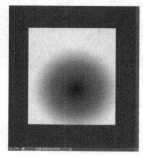
图 2-34　径向渐变效果

(3) 角度渐变，按旋转角度进行渐变。

选择"渐变工具"和"渐变颜色"，在画布上从中心向右下角拖动鼠标绘制，如图 2-35 所示，效果如图 2-36 所示。

图 2-35　角度渐变绘制

图 2-36　角度渐变效果

(4) 对称渐变，以对称的方式渐变。

选择"渐变工具"和"渐变颜色"，在画布上从左向右拖动鼠标绘制，如图 2-37 所示，效果如图 2-38 所示。

图 2-37　对称渐变绘制　　　　　　图 2-38　对称渐变效果

(5) 菱形渐变，以菱形的方式渐变。

选择"渐变工具"和"渐变颜色"，在画布上从中心向右拖动鼠标绘制，如图 2-39 所示，效果如图 2-40 所示。

图 2-39　菱形渐变绘制　　　　　　图 2-40　菱形渐变效果

14) 模糊工具

在画布上涂抹，将涂抹的位置进行模糊处理，如图 2-41 和图 2-42 所示。

图 2-41　原始图片　　　　　　图 2-42　手的模糊处理

15) 锐化工具

在画布上涂抹，将涂抹的位置进行锐化处理。

16) 涂抹工具

在画布上涂抹，将涂抹的位置进行涂抹处理，类似于滤镜中的液化功能。

17) 减淡工具

在画布上涂抹，将涂抹的位置进行减淡处理。

18) 加深工具

在画布上涂抹，将涂抹的位置进行加深处理。

19) 海绵工具

在画布上涂抹，将涂抹的位置进行去色和加色处理。

20) 文字工具

文字工具用于在画布上创建文字。在"文字工具"按钮内分别隐藏有"横排文字工具"、"直排文字工具"、"横排文字蒙版工具" 和"直排文字蒙版工具"四种。

21) 矩形工具

矩形工具可以分为矢量的图形或单纯的路径两种，类似于将"钢笔工具"形状化。用"矩形工具"创建的图形，可以调整锚点和手柄。

2.2.2　图层的使用技巧

图层是 Photoshop 中非常重要的功能之一，熟练掌握图层的使用技巧是一个设计师必备的基本功。接下来讲解关于图层的使用技巧。

1. 图层面板

Photoshop 的图层分为很多层级，它们按次序重叠在一起，每一个图层都可以放置不同的件，进行单独处理。图层理论上讲可以有无限个，Photoshop 并不限制图层的最大数，但图层越多，管理越复杂，可将图层分类放置于图层文件夹中，图层面板如图 2-43 所示。

图 2-43　图层面板

2. 图层面板详解

1) 图层混合模式

在下拉列表中选择图层混合模式，可设置当前选中图层和下面的图层混合模式。在"不透明度"输入框中输入数值，设置图层透明程度，可单击右侧黑色三角符号，激活滑块，拖动滑块调整图层透明程度。

2) 锁定

(1) 锁定透明像素。

选中要编辑的图层，单击"锁定透明像素"按钮，在图层右侧出现一个小锁，表明该图层透明区域被锁定，不能编辑修改，而可编辑修改的只能是有像素的区域。

(2) 锁定图像像素。

锁定图层，使图层处于半锁定状态，可在图层上进行创建选区等操作，但无法对图像进行修改。

(3) 锁定位置。

锁定图层位置，图层可编辑，但无法移动。

(4) 锁定全部。

图层处于完全锁定状态，无法进行任何操作。

3) 图层选项

单击"图层选项"，打开"图层选项"弹出选项菜单，可对图层进行各种操作，如新建图层、复制图层、删除图层等。

4) 图层选择

单击图层，即可选中图层，选中的图层显示为深灰色，以区分其他未选中图层。

5) 显示/隐藏

单击图层左侧眼睛图标，可将图层隐藏，同时眼睛图标消失。

6) 锁定图层标志

如对图层进行了锁定操作，显示锁定图标，表示该层已被锁定。

7) 链接图层

选中任一图层，按住<Ctrl>键再次单击其他图层，实现图层的多选，如图 2-44 所示；选中背景层，按住<Shift>键的同时单击最上面的图层，可将背景层和最上面图层之间的所有图层选中，如图 2-45 所示。单击链接按钮，将所有选中的图层链接，如图 2-46 所示。

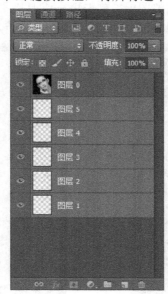

图 2-44　图层的多选 1　　　　图 2-45　图层的多选 2　　　　图 2-46　图层的多选 3

8) 添加图层样式

单击添加图层样式按钮，打开图层样式列表，如图 2-47 所示，在图层上添加图层样式，添加样式后的图层如图 2-48 所示。图层样式的操作技巧和效果将在后面小节中详细讲解。

图 2-47　图层样式列表　　　　　　　　图 2-48　添加图层样式后的图层

9) 添加矢量蒙版

在图层上添加矢量蒙版效果，添加矢量蒙版后的图层如图 2-49 所示。图层矢量蒙版的操作技巧将在后面的小节中详细讲解。

10) 创建新的填充或调整图层

在图层上创建新的填充或调整图层，单击填充或调整图层按钮，打开列表如图 2-50 所示，添加新的填充后的图层如图 2-51 所示。

图 2-49　添加矢量蒙版　　　　　　　　图 2-50　打开填充列表

11) 创建新组

在图层上创建图层文件夹，单击新组按钮，创建一个图层文件夹，如图 2-52 所示，也可在图层文件夹内创建图层，或将其他图层拖动到图层文件夹里边。

图 2-51　添加新的填充后的图层　　　　　　　图 2-52　创建新组

12) 创建新图层

单击新图层按钮，即可创建一个新的透明图层。将图层拖动到按钮上，实现对图层的复制。将图层文件夹拖动到按钮上，可对图层文件夹进行复制。

13) 删除图层

单击删除图层按钮，将选中的图层删除，在弹出的确认对话框中单击"是"按钮即可。勾选"不再提示"复选框，下次删除图层时，不再弹出确认框。

2.2.3　通道和蒙版的应用技巧

通道可分为颜色通道和 Alpha 通道，颜色通道保存图像的颜色，Alpha 通道保存选区。通道和图层蒙版是 Photoshop 中较为重要的内容。

1．颜色通道

文档颜色模式决定着颜色通道的信息，而颜色通道记录着图像构成的各个颜色信息。不同的颜色模式，在颜色通道的记录信息各不一样。

RGB 图像模式是由 Red (红)通道、Green (绿)通道和 Blue (蓝)通道构成，如图 2-53 所示。颜色通道面板如图 2-54 所示。

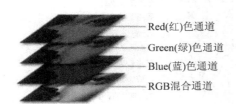

图 2-53　RGB 颜色模式　　　　　　　　图 2-54　通道面板

2. Alpha 通道

Alpha 通道的功能主要是保存选区。和颜色通道不同的是，Alpha 通道不影响图像颜色，可以任意创建各种选区的 Alpha 通道，如图 2-55、图 2-56 所示。

图 2-55　添加蒙版选区　　　　　　　　　　　　图 2-56　通道面板

3. 图层蒙版

下面简要介绍图层蒙版的概念和操作方法。

(1) 图层蒙版可以合成分层图像的同时又能保持编辑的灵活性。蒙版不会实际影响该图层上的像素，可以应用蒙版使蒙版和图层合并，或者删除蒙版，不应用更改。

(2) 图层蒙版是灰度图像，用黑色在蒙版上涂绘，将隐藏当前图层内容，显示下面的图像；相反，用白色在蒙版上涂抹则会显露当前图层信息，遮住下面的图层。

(3) 单击"添加图层蒙版"按钮可在图层上创建蒙版，如图 2-57 所示。在图层蒙版缩略图上单击右键，弹出蒙版选项菜单，在其上可对图层蒙版进行相关操作，如图 2-58 所示。

图 2-57　添加图层蒙版　　　　　　　　　　　图 2-58　图层蒙版右键菜单

① 停用图层蒙版。将当前蒙版停用后，图层蒙版缩略图会显示一个红叉，如图 2-59 所示。

图 2-59　停用图层蒙版

② 删除图层蒙版。删除图层蒙版，对图像本身并不影响。

③ 应用图层蒙版。将图层蒙版效果和图像本身合并。

2.3　Photoshop 在网页设计中的应用

1. 图像局部截取和图像尺寸调整

做网页设计时经常要用到的某张图像一部分，这就需要截取图像的局部。图像局部截取的方法很多，但使用 Photoshop 操作起来更方便。具体操作步骤如下：

(1) 在 Photoshop 中打开原始图像。

(2) 在工具栏中选择相应的选区工具，如矩形选框工具或椭圆选框工具，在图像上选中需要截取的局部建立选区。为了截取更精确，通常在选择选区工具以后，在工具选项栏中"样式"里设定选区的尺寸，如固定大小，并设定宽度和高度值，这样单击图像就可以建立固定尺寸的选区。

(3) 建立好选区后，可以将鼠标按住选区内部拖拽移动选区位置，使截取的内容符合需要；

(4) 单击菜单"编辑—拷贝"或者按下<Ctrl + C>复制选区内容。

(5) 单击菜单"文件—新建"或按下快捷键<Ctrl+N>新建画布。此时画布的尺寸默认就是选区的尺寸，单击菜单"编辑—粘贴"或按下快捷键<Ctrl+V>将选区内容粘贴到新画布中。

(6) 在新文件图像中根据需要进一步操作，如添加文字等，最后将新文件保存。

注：图像尺寸的调整也是网页设计中的常用操作，网页中的图像文件大小在保证清晰度的情况下应该尽量小，不然会影响网页打开速度，所以页面中用到的图像都应调整到相应尺寸。在 Photoshop 中打开图像，单击"图像—图像大小"菜单或者按下<Ctrl + Alt + I>

进行尺寸修改，调整完后保存即可。

2．透明背景图像的制作

有些图像放在网页中需要背景透明才能达到效果，比如在已有背景色的区域放置一个图像，这个图像只有背景透明才能融合在区域中。在 Photoshop 中制作透明背景图像可以通过以下步骤来操作：

(1) 在 Photoshop 中打开原图像，使用选取工具将需要保留的图像部分选中，如果原图像背景色单一，可以使用魔棒工具很方便地选取背景色，然后单击菜单"选择—反向"反向选中需要保留的部分。

(2) 单击菜单"编辑—拷贝"或按下快捷键<Ctrl+C>复制选区内容，单击菜单"文件—新建"或按下快捷键<Ctrl+N>新建画布，注意新建画布的"背景内容"项选择"透明"。

(3) 单击菜单"编辑—粘贴"或按下快捷键<Ctrl+V>将选区内容粘贴到新画布中。

(4) 按下快捷键<Ctrl+T>适当调整粘贴内容的尺寸，调整完后按回车键，还可以使用移动工具调整内容的位置。

(5) 单击菜单"文件—存储"或按下快捷键<Ctrl+S>保存图片为 GIF 或 PNG 格式。

3．图像融合

图像融合是指将两张或更多的图像合成一张图像，这个操作在网页设计中也经常用到，比如给网页做个 banner 图像或背景图像等。下面以两张相同高度图像拼接融合为例来说明操作过程，其基本步骤如下：

(1) 在 Photoshop 中打开第一张图像，然后使用移动工具将第二张图像拖进来并调整到合适的摆放位置。

(2) 如果两张图像的色调不太一致，可以对色相、饱和度等属性进行调整。

(3) 选择第二张图像所在图层，建立蒙版，选择渐变工具从两张图像的结合处拖拽形成黑白渐变，最后再适当调整不透明度。

4．图像倒影和阴影制作

图像倒影效果在网页中也很常见，倒影不仅增强图像的立体感觉，也使得图像表现力更强。倒影效果一般分为平面倒影和立体倒影，平面倒影的制作可以通过以下步骤实现：

(1) 在 Photoshop 中将需要做倒影的素材导入文档，按下快捷键<Ctrl+J>复制该图层。

(2) 单击菜单"编辑—变换—垂直翻转"将翻转的图层拖至原始图层的下方。

(3) 为翻转的图层添加图层蒙版，选中渐变工具并选择线性渐变，在图层蒙版上拖出渐变就产生了倒影效果。

阴影效果也是常用的图像效果，具体实现步骤如下：

(1) 把需要做阴影效果的图层复制并建立选区，填充为黑色。

(2) 按下快捷键<Ctrl+T>并右键单击鼠标选择"扭曲"，拖动鼠标调整阴影的形状和大小。

(3) 减少阴影图层的透明度，然后单击菜单"滤镜—模糊—高斯模糊"，再把阴影图层放置在原图层的下面。

5．特殊字体的使用

文字是图像处理中频繁使用的元素。网页设计中的图像上通常都需要添加一些文字内容，如广告宣传语、导航文字等。文字的添加可以使用 Photoshop 的文字工具来完成，通常图像上的文字都采用特殊字体，而计算机中默认情况下却都不具备这些字体，这就需要我们去网上下载所需字体并安装在计算机中才能使用。举例说明，比如我们要在图像上添加一种"方正粗倩简体"的文字，很明显，计算机中默认没有该字体，我们必须进行以下步骤操作：

(1) 从网上下载"方正粗倩简体"字体，可以在百度中搜索"字体下载"关键字，很多网站都提供字体下载。

(2) 安装字体。下载的字体通常是一个.ttf 格式的文件，直接复制该文件，打开 C:\WindowsFonts 文件夹并进行粘贴，这样就完成了字体安装。

(3) 重启 Photoshop 软件，可以看到字体列表中就有了新安装的字体。当然，计算机中的其他软件都可以使用这种字体。

6．绘制网站 LOGO

网站标志或称 LOGO，它是一个网站的名片，是能够体现网站形象的一个重要元素。一个好的网站的 LOGO 能够体现出网站的内涵并能传递给浏览者一些关于网站的理念信息。一般来说，网站 LOGO 的设计是很重要的，它不仅要契合网站同时也要独具个性，能吸引网站浏览者。网站 LOGO 可以采用 Photoshop 软件进行绘制，具体可以采用以下步骤：

(1) 新建画布，使用钢笔工具大致勾画出 LOGO 轮廓路径。

(2) 选择"转换点工具"，将某些直线路径转换为曲线并调整相应的弧度。

(3) 选择"直接选择工具"，根据需要移动一些锚点的位置，通过曲线弧度调整逐步达到设计效果。

(4) 按下快捷键<Ctrl+Enter>，将路径转换为选区，然后对选区进行填充。

(5) 根据需要添加文字等内容并保存文档。

7．网页绘制和切图

Dreamweaver 等网页设计软件在图像处理方面的功能很弱，只使用该软件进行网页设计会给网页美观带来影响，所以通常先采用图像处理软件绘制网页效果图，然后采用切图等手段转换为网页。绘制网页的工具很多，Photoshop 是一个很不错的选择，具体使用方法如下：

(1) 新建一个画布，在当前普遍 1024 × 768 以上分辨率的情况下，画布的宽度设为 1002 像素以内就能保证用户打开网页时不会出现水平滚动条，画布高度根据网页实际内容需要设定；接下来在新建的画布上绘制网页的界面，网页各个部分采用分层和分组，便于修改。

(2) 网页绘制好后，需要利用切片工具和切片选择工具对图像进行分割。切割图像的原因是在浏览器中，一组小幅图像比单个大幅图像下载起来要快速得多，而且也便于网页在 Dreamweaver 软件中编辑。网页切片时一般要借助辅助线作为参考以确保切图的精确程度，网页中输入的文字部分在切图时可以先隐藏。

(3) 单击菜单"文件—存储为 Web 和设备所用格式"来保存文件，Photoshop 会自动生成一个名为 images 的文件夹用于存放所有图片。

8. 各式线条的使用

线条在网页设计中是不可或缺的元素，线条应用得当会使网页布局清晰、层次分明。比如曲线增强网页的灵活性和流动性，具有时尚感、飘逸感，而直线的应用则使网页显得简洁、大方和严谨，不同线条的使用会起到意想不到的效果。一般来说，网页设计中经常用到直线、曲线、虚线和立体分割线等，下面我们进行简单介绍。

(1) 直线。

在 Photoshop 中绘制直线一般有两种方法，一种是使用画笔工具或铅笔工具，根据直线粗细设置好主直径，按住鼠标进行绘制。如果要绘制水平或垂直直线，需要按住<Shift>键然后绘制。

(2) 曲线。

Photoshop 中绘制曲线一般会用到钢笔工具、转换点工具和直接选择工具等。先用钢笔工具画出大致路径，再用转换点工具将直线变为曲线并调整弧度，如果锚点的位置需要移动，则再使用直接选择工具移动，最后得到满意的曲线。

(3) 虚线。

绘制虚线一般使用画笔工具或铅笔工具，根据要绘制的虚线的粗细选择画笔的主直径，然后设置画笔属性面板中的"间距"值，这样就可以绘制出虚线。如果要绘制水平或垂直虚线，在绘制时按住<Shift>键即可。

(4) 立体分割线。

优秀的网站设计在细节方面的处理都是十分周全的，立体分割线看起来有一种凹进去的感觉，能形成一种很好的分隔感觉。立体分割线其实是由两条粗细均为 1px 的直线组成的。首先绘制一条比背景色暗的直线，然后再绘制一条比背景色亮的直线，线条色彩可选用与背景色同一色系的颜色，两条线并列排在一起，形成立体凹陷的感觉。

9. 背景图片制作

在制作网页的时候，经常需要给网页设置背景图片。除了可以到网上下载背景图片外，利用 Photoshop 强大的功能也同样可以制作出自己喜爱的背景图案。自制的背景图像种类很多，这里以制作一种无缝图案背景为例来说明：

具体操作步骤如下：

(1) 打开 Photoshop，新建宽 160、高 120，背景为白色，分辨率为 72 像素/英寸的空白文档。

(2) 在工具箱中选择自定义形状工具并找到所需形状，在画布中间绘制出该形状。绘制时可按住<Shift>键保持同宽高比例，然后将绘制的形状放在文档的正中间。

(3) 复制形状图层，对复制的图层执行菜单"滤镜—其他—位移"命令，完成图案的位移操作。位移的"水平"和"垂直"参数值是根据图像尺寸来设置的，一般为图像"宽度"和"高度"值的一半，本例"水平"设置为 80，垂直设置为 60。

(4) 执行菜单"文件—存储"命令，将文件存储为 GIF 格式的图像。打开 Dreamweaver 软件，将该图像以背景图片平铺在网页中，可以看到网页背景的效果。

10. 按钮制作

按钮是网页设计中常用的元素，经常用在导航、跳转等链接位置。设计精美的按钮能让网站浏览者眼前一亮，目前网页中常用的按钮一般都带有一些立体、渐变效果，这类按钮可以大致通过以下几步来实现：

(1) 在 Photoshop 中新建画布，绘制一个圆角矩形。

(2) 双击该圆角矩形图层面板，打开图层属性窗口，单击勾选左侧"斜面和浮雕"选项，并在右侧设置相应的属性值。

(3) 单击勾选左侧"渐变叠加"选项，并在右侧设置渐变颜色及其他属性值。

(4) 单击勾选左侧"描边"选项，在右侧设置描边颜色、粗细、位置、不透明度等属性值。

(5) 选择文字工具，在按钮上添加文字并设定文字样式等。通过这些设置能做出满足一般需求的立体渐变效果按钮，更多的效果可以在图层属性里面继续设置，如内阴影、外发光等。

另外，网页中有些按钮当鼠标放上去时换成会另外一个按钮。两个按钮大小一致，区别就在颜色或文字颜色上。其实第二个按钮的制作很简单，只要把第一个按钮的图层复制，修改背景色或文字颜色即可。

2.4　Photoshop 实例详解

在设计画面前，先将设计稿的框架进行简单划分，以便对画面中的各个区域有个大致的了解。这样在进行画面设计和制作的过程中，便能清楚地知道哪个区域应该做些什么。只有在具备清晰的思路之下，才能做好整个作品。

下面讲解使用 Photoshop 来打造一个企业网站首页的过程，其具体实现如下：

(1) 整理好需要做的内容至一个文件夹中，如图 2-60 所示。

图 2-60　企业网站文件夹

(2) 打开 Photoshop 新建一个空白面板，如图 2-61 所示。

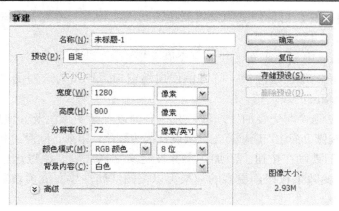

图 2-61　新建空白面板

(3) 选择矩形工具绘制一个 980*auto 的图形，如图 2-62 所示。

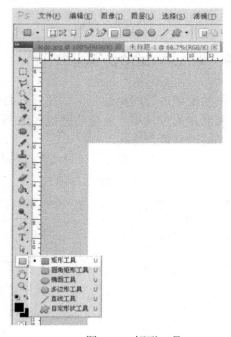

图 2-62　矩形工具

(4) 使用选择工具，点击边缘节点，在菜单栏下方可看见图片的宽与高。点击背景、图层，再按下<shift>键，点击新建的图层。之后按下选择快捷键<V>，在菜单栏下方会出现对齐选项。选择居中对齐，如图 2-63 所示。

图 2-63　选择对齐方式

(5) 在标尺区域内按下鼠标向右拖动会形成一根辅助线，拖至矩形边缘自动吸附即可，如图 2-64 所示。

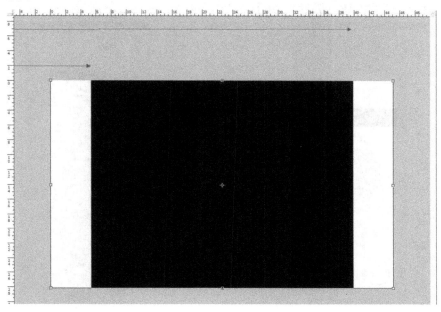

图 2-64　拖动辅助线

(6) 在图层面板新建 header 文件夹，并把 LOGO 放置进来，如图 2-65 所示。

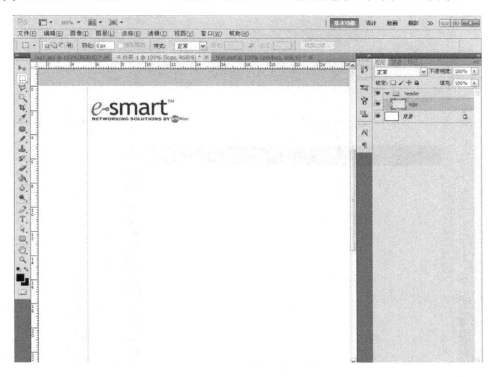

图 2-65　放置 LOGO

(7) 在 header 文件夹下建立 menus 目录，并绘制一个矩形图形，如图 2-66 所示。

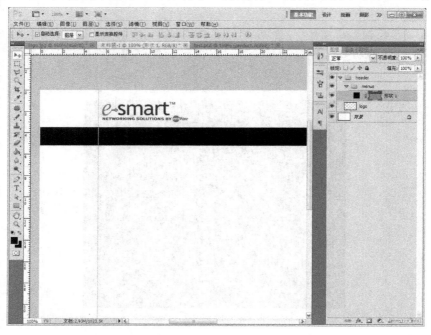

图 2-66　绘制矩形图形

(8) 为矩形图形添加渐变，如图 2-67 和如图 2-68 所示。

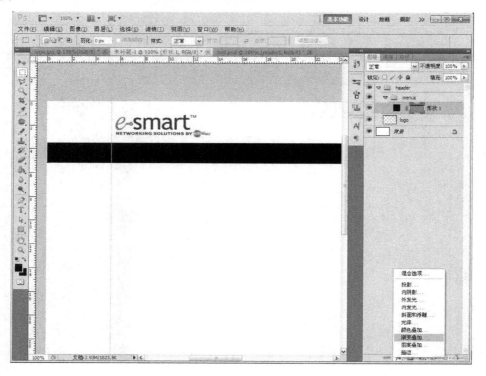

图 2-67　渐变叠加

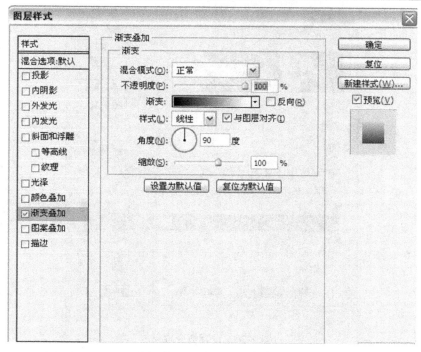

图 2-68　渐变叠加图层样式

　　(9) 设置描边参数如图 2-69 所示，渐变效果如 2-70 所示，设置内发光参数如图 2-71 所示。

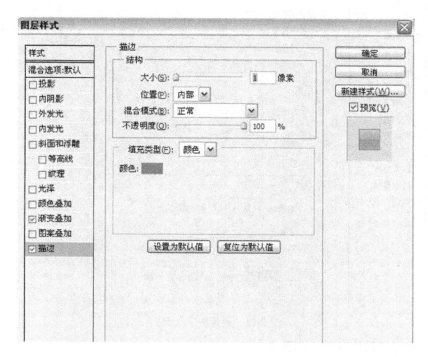

图 2-69　设置描边参数

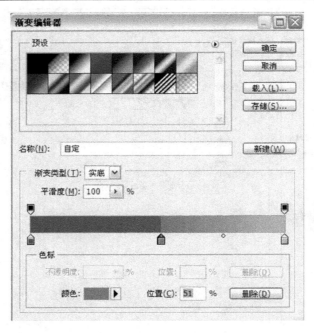

图 2-70　设置渐变效果

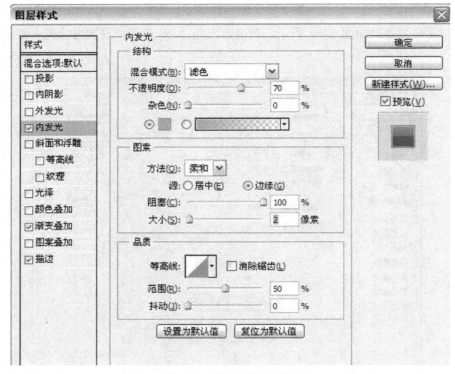

图 2-71　设置内发光参数

菜单导航背景最终效果，如图 2-72 所示。

图 2-72 菜单导航背景图

(10) 打上文本，文本选择工具快捷键<T>，把最左侧的文本吸附在左侧辅助线上，按住<Shift>拖拽。同理把最右侧的文字吸附在右侧辅助线上。全选所添加的导航文本图层，如图 2-73 所示。

图 2-73 导航文本图层

(11) 点击水平居中对齐，整体文本效果就为对齐，如图 2-74 所示。

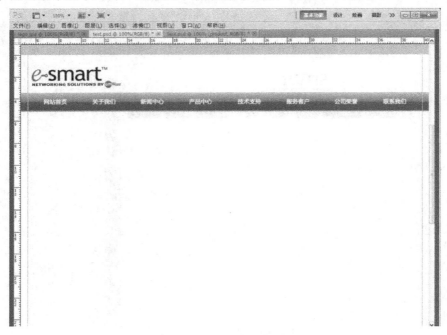

图 2-74　文本对齐效果

(12) 绘制一个鼠标经过的效果矩形，给该矩形添加渐变及描边、内发光，新建 Banner 文件夹，并在里面绘制一个满屏，高度为 350px(根据情况而定)的矩形。使用矩形选择工具，选择在辅助线内的 Banner 实际大小，如图 2-75 所示。

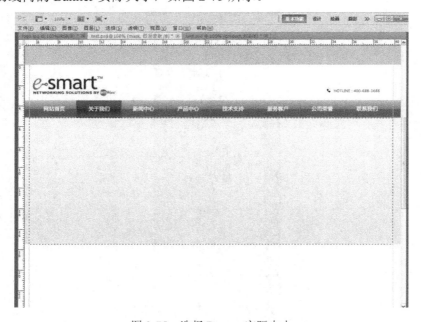

图 2-75　选择 Banner 实际大小

(13) 在图层面板使用蒙版针对该文件夹做遮罩，如图 2-76 所示。

图 2-76　使用蒙版针

(14) 在蒙版文件夹下新建一个椭圆形状，如图 2-77 所示。

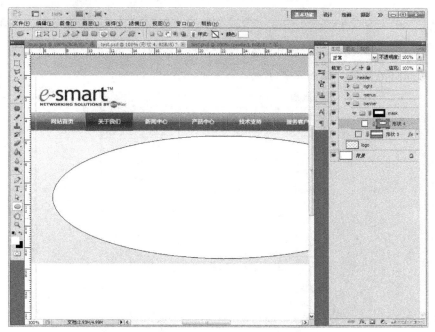

图 2-77　新建一个椭圆形状

(15) 给该形状做滤镜—模糊效果，如图 2-78 所示。

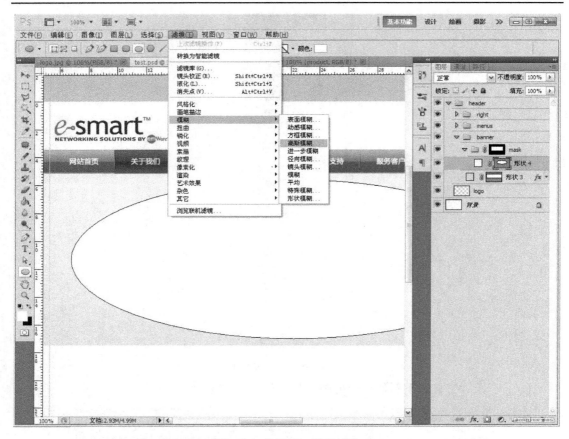

图 2-78　做滤镜—模糊效果

(16) 选择滤镜参数，如图 2-79 所示。

图 2-79　选择滤镜参数

(17) 按下<V>快捷键，将该效果的大小边缘控制在实际辅助线内，如图 2-80 所示。所看到的初步效果，如图 2-81 所示。

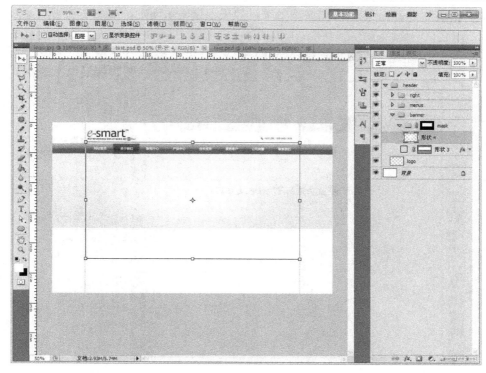

图 2-80　控制效果的大小边缘

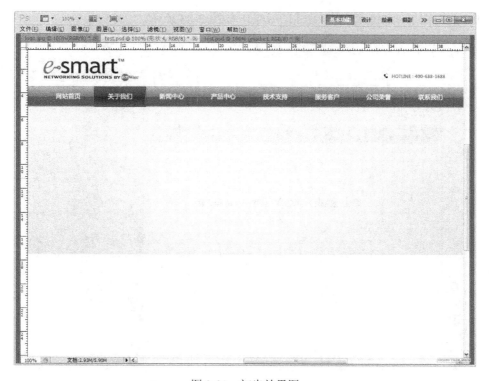

图 2-81　初步效果图

(18) 在实际 Banner 区域增加文本效果，效果根据需求而定，如图 2-82 所示。

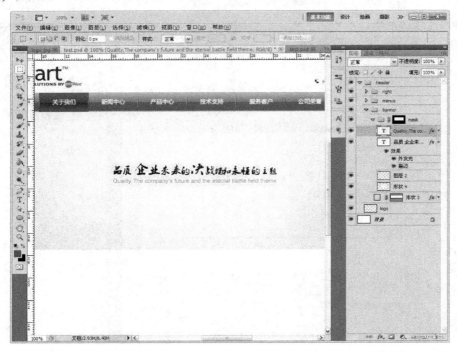

图 2-82　增加文本效果

(19) 使用钢笔绘制任意图形做辅助效果，如图 2-83 所示。

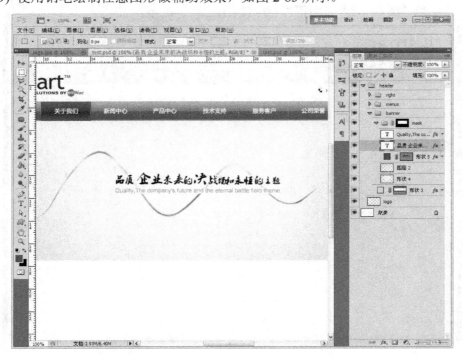

图 2-83　做辅助效果

(20) 新建一个 center 文件夹，同时对 center 文件夹内的元素也需要建立子文件夹。绘制一个与 Banner 区分的过渡矩形，调整它的色彩及效果，如图 2-84 所示。

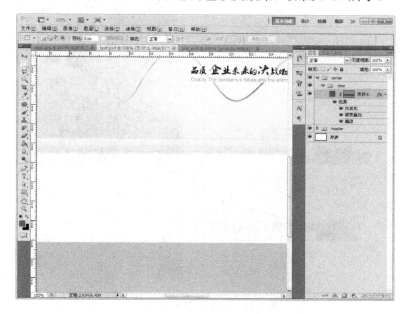

图 2-84　绘制一个与 Banner 区分的过渡矩形

(21) 添加栏目，如关于我们，如图 2-85 所示。

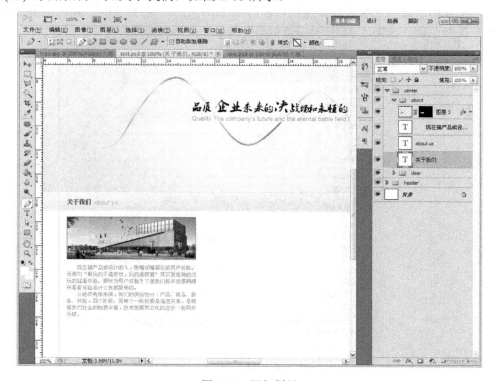

图 2-85　添加栏目

(22) 在栏目名称处可以做效果，如先绘制一个任意图形，如图 2-86 所示。

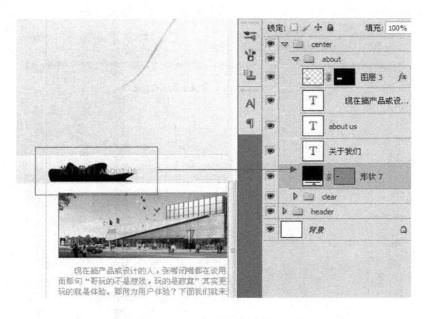

图 2-86　添加栏目名称效果

(23) 给该图形做模糊处理，如图 2-87 所示。参数如图 2-88 所示。或者按下<Ctrl>键点击该图，把该图层载入选区，并新建图层，如图 2-89 所示。选择渐变工具，如图 2-90 所示。调整渐变色彩，如图 2-91 所示。调整渐变参数如图 2-92 所示。

图 2-87　做模糊处理

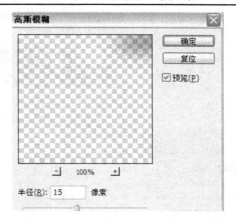

图 2-88　设置图片参数

图 2-89　载入选区并新建图层

图 2-90　选择渐变工具

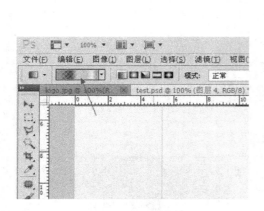

图 2-91　调整渐变色彩　　　　　　　　　　　　图 2-92　调整渐变参数

　　(24) 使用渐变工具对载入选区做色彩填充，如果觉得色彩不满意，可以通过色相饱和度修改，如图 2-93 所示。调整色相饱和度参数如图 2-94 所示。

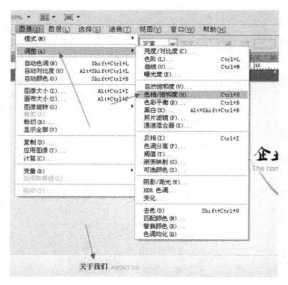

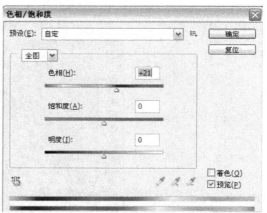

图 2-93　修改色彩饱和度　　　　　　　　　　　图 2-94　调整色相饱和度参数

　　(25) 新建其他栏目，如服务中心，如图 2-95 所示。

　　(26) 在文本前面绘制标注符，同样可以使用对齐工具排列，如图 2-96 所示。

　　(27) 合并后的标注符，可以为其修改颜色，使用颜色叠加即可。同时可绘制其他栏目，布局完成，效果如图 2-97 所示。

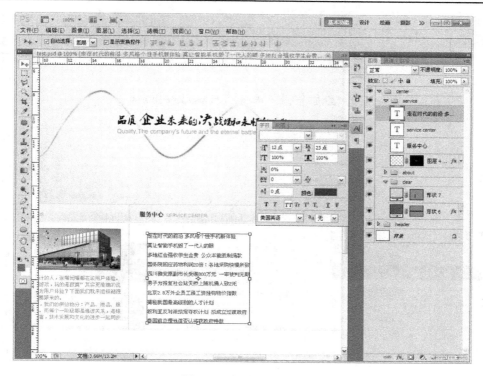

图 2-95　新建服务中心

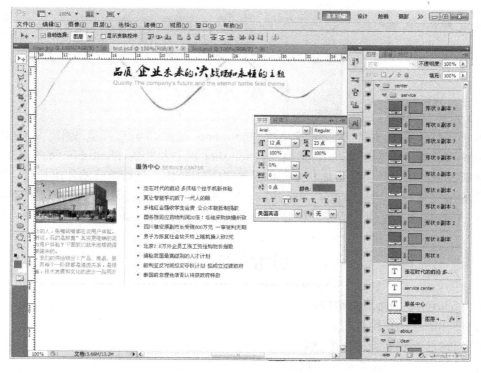

图 2-96　绘制标注符

图 2-97　最终效果图

本 章 小 结

　　本章讲述了网页设计与制作涉及的 Photoshop 基础知识与典型应用。首先，介绍 Photoshop 基础概念，包括 Photoshop 概述、Photoshop 诞生及发展、Photoshop 特点、Photoshop 应用领域等相关概念；之后讲述了 Photoshop 的基本操作，包括图层的使用技巧、通道和蒙版的应用技巧等；然后讲述了 Photoshop 在网页设计中的应用与方法，包括绘制网站 LOGO、特殊字体的使用、按钮制作等；最后运用实例对 Photoshop 进行详解。

思考与练习

1．Photoshop 的特点有哪些?
2．简述图层的使用技巧。
3．简述通道和蒙版的使用技巧。
4．使用 Photoshop 绘制网站 LOGO.

本章参考文献

[1]　肖思中. Photoshop 网站视觉艺术设计及色彩搭配[M]. 北京：中国铁道出版社，2013.

[2]　陈东方，王魁祎. 浅析 Photoshop 在网页制作中的应用[D]. 安徽：电脑知识与技术，2018.

[3]　徐赛. 探讨 PS 在网页设计中的应用[D]. 北京：软件应用，2016.

第3章　设计网站动画和网络广告

学习目标

- 掌握动画原理以及 Flash 绘图工具的使用。
- 掌握 Flash 中图形、声音素材的处理。
- 掌握 Flash 影片的发布以及测试。

Flash 是以流控制技术和矢量技术等为代表的动画软件，能够将矢量图、位图、音频、动画、视频和交互动作有机地、灵活地结合在一起，从而制作出美观、新奇、交互性很强的动画效果。软件一经推出，就受到了广大网页设计者的青睐，被广泛应用于网页动画的设计，成为当今最流行的网页设计软件之一。

Flash 是一款集动画创作与应用程序开发于一身的软件，是目前使用最为广泛的动画制作软件之一。由于 Flash 生成的动画文件小，并采用了跨媒体技术，同时具有很强的交互功能，所以使用 Flash 制作的动画文件被广泛应用，例如，使用 Flash 制作的网页动画、故事短片、Flash 站点以及在手机中应用的 Flash 动画短片、屏幕保护、游戏等等。Flash 软件以其简单易学、功能强大、适用范围广泛等特点，奠定了在多媒体互动软件中的地位。

2012 年，Adobe 公司推出了 Flash 的 Flash CS6 版本。此次版本更新的重点主要是整体性能的提升，而非单个功能的增加与创新，其中，HTML5 得到了真正支持。另外，新增的 CreateJS 插件支持也进一步模糊了 ActionScript 与 Java 的界限，提高了 Flash 的开放性。多平台的支持可以说是 Flash CS6 非常重要的功能。由于提供了虚拟界面进行调试，传统的 Flash 使用者很容易开发基于手机、平板的互动程序，从而实现了 Flash 的跨平台使用。

1. Flash 的技术特点

Flash 的技术特点如下：

(1) 文件体积小，传输速度快。Flash 动画使用的是矢量图技术，具有文件体积小、传输速度快、播放采用流式技术的特点，所以 Flash 动画在互联网上被广泛传播。

(2) 制作动画的成本低。使用 Flash 制作动画能够大大减少人力、物力的消耗，同时在制作时间上也会减少。

(3) 动画在制作完成后，可以把生成的文件设置成带保护的格式，维护了设计者的版权利益。

(4) 播放插件很小，很容易下载并安装，而且在浏览器中可以自动安装。

(5) 通用性好，在各种浏览器中都可以有统一的样式。

(6) 和互联网紧密接合，可以直接与 Web 页连接。

(7) 与多媒体的互动性强。在 Flash 中可以整合图形、音乐、视频等多媒体元素，并且可以现交互。

(8) 具有跨媒体性。Flash 不仅可以在计算机上播放，还可以在其他任何内置 Flash 播放器的移动设备上进行播放。

(9) 简单易学，普及性强。Flash 简单易学，不必掌握高深的动画知识，就可以制作出非常漂亮的动画效果。

2. Flash 的应用范围

Flash 软件因其容量小、交互性强、速度快等特点，在互联网中得到了广泛应用与推广。在互联网中随处可见使用 Flash 制作的互动网站、影片、广告、导航等，同时 Flash 软件还被广泛应用于移动设备领域，Flash 已经成为跨平台多媒体应用开发的一个重要分支。

(1) 网站动画。使用 Flash 可以更好地表现出图像的动态效果，而且生成的文件很小，可以很快显示出来，所以在现在的网页中越来越多地使用 Flash 动画来装饰页面的效果。

(2) Flash 产品广告。使用 Flash 动画的形式来宣传产品的广告，主要用于在互联网上进行产品、服务或者企业形象的宣传，是互联网上非常好的广告表现形式。

(3) Flash 游戏。Flash 是目前制作网络交互动画最优秀的工具，支持动画、声音以及视频，并且通过 Flash 的交互性可以制作出很多漂亮的 Flash 小游戏。

(4) Flash 动漫与 MTV。由于采用矢量技术，Flash 非常适合制作漫画，再配上适当的音乐，比传统的动漫更具有吸引力，而且使用 Flash 制作的动画文件很小，更适合网络传播。

(5) 手机应用。Flash 作为一款跨媒体的软件在很多领域可以得到应用，尤其是 Adobe 公司逐渐加大了 Flash 对手机的支持，并利用 FlashAIR 可以实现跨操作系统的集成平台，开发出在主流系统下可以运行的软件程序。

(6) Flash 网站。Flash 具有良好的动画表现力与强大的后台技术，并支持 HTML 与网页编程语言的使用，使得 Flash 在制作网站上具有很好的优势。

(7) Flash 视频。自从 Flash MX 版本开始全面支持视频文件的导入和处理，在随后的版本中不断加强了对 Flash 视频的编辑处理以及导出功能，并且 Flash 支持自主的视频格式".flv"，可以实现流式下载，文件非常小。

当然，Flash 软件的应用远远不止以上这些方面，它在电子商务与其他的媒体领域也有不乏的应用，在此仅列出一些主要的应用范围。随着 Flash 技术的发展，Flash 应用范围终将越来越广泛。

3.1　Flash 的工作环境简介

3.1.1　Flash CS6 的工作界面

Flash CS6 的工作界面与以往版本相比更具亲和力，使用也更加方便。打开 Flash CS6

软件，其工作界面显示如图 3-1 所示。

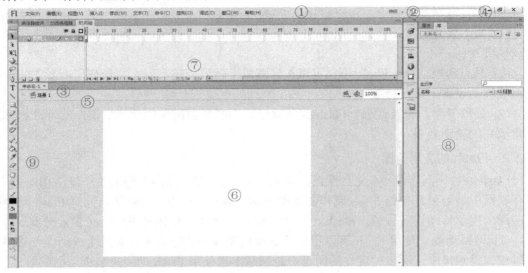

图 3-1　Flash CS6 的工作界面

1. 菜单栏

在菜单栏中分类提供了 Flash CS6 的所有操作命令。几乎所有可执行命令都可在这里直接或间接地找到相应的操作选项。

2. 基本功能

Flash CS6 提供了多种软件工作区预设，在该选项的下拉列表中可以选择相应的工作区预设，如图 3-2 所示，选择不同的选项，即可将 Flash CS6 的工作区更改为所选择的工作区预设。在列表的最后提供了"重置基本功能"、"新建工作区"、"管理工作区" 3 种功能。"重置基本功能"用于恢复工作区的默认状态，"新建工作区"用于创建个人喜好的工作区配置，"管理工作区"用于管理个人创建的工作区配置，并可执行重命名或删除操作，如图 3-3 所示。

图 3-2　下拉列表

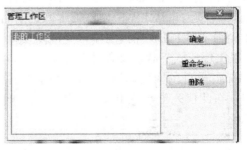

图 3-3　"管理工作区"对话框

3. 文档窗口选项卡

在"文档窗口"选项卡中可显示文档名称，当用户对文档进行修改而未保存时，则会显示"*"号作为标记。如果在 Flash CS6 软件中同时打开了多个 Flash 文档，可以单击相应的文档窗口选项卡，进行切换。

4．搜索框

搜索框提供了对 Flash 中功能选项的搜索功能，在该文本框中输入需要搜索的内容，再按<Enter>键即可。

5．编辑栏

编辑栏左侧显示当前"场景"或"元件"，单击右侧的"编辑场景"按钮，在弹出的菜单中可以选择要编辑的场景。单击旁边的"编辑元件"按钮，在弹出的菜单中可以选择要切换编辑的元件。

如果希望在 Flash 工作界面中设置显示/隐藏该栏，则可以执行"窗口—工具栏—编辑栏"命令即可。

6．舞台

舞台是动画显示的区域，用于编辑和修改动画。

7．"时间轴"面板

时间轴面板是 Flash CS6 工作界面中的浮动面板之一，也是 Flash 制作中操作最为频繁的面板之一，几乎所有的动画都需要在"时间轴"面板中进行制作。

8．浮动面板

浮动面板用于配合场景、元件的编辑和 Flash 的功能设置，在"窗口"菜单中执行相应的命令，可以在 Flash CS6 的工作界面中显示/隐藏相应的面板。

9．工具箱

工具箱中提供了 Flash 所有的操作工具，如笔触颜色和填充颜色，以及工具的相应设置选项。通过这些工具可以在 Flash 中进行绘图、调整等相应的操作。

3.1.2　菜单栏

菜单栏处于 Flash 工作界面的最上方，包含了 Flash CS6 的所有菜单命令、工作区布局按钮、关键字搜索以及用于控制工作窗口的三个按钮——最小化、最大化(还原)、关闭，如图 3-4 所示。

| 文件(F) | 编辑(E) | 视图(V) | 插入(I) | 修改(M) | 文本(T) | 命令(C) | 控制(O) | 调试(D) | 窗口(W) | 帮助(H) |

图 3-4　菜单栏里的菜单命令

1．菜单命令

菜单命令包括 Flash 中的大部分操作命令，自左向右分别为"文件"、"编辑"、"视图"、"插入"、"修改"、"文本"、"命令"、"控制"、"调试"、"窗口"和"帮助"。

- "文件"：该菜单主要用于操作和管理动画的文件，包括比较常用的新建、打开、保存、导入、导出、发布等。
- "编辑"：该菜单主要用于对动画对象进行编辑操作，如复制、粘贴等。
- "视图"：该菜单主要用于控制工作区域的显示效果，如放大、缩小以及是否显示标尺、网格和辅助线等。

- "插入"：该菜单主要用于向动画中插入元件、图层、帧、关键帧、场景等。
- "修改"：该菜单主要用于对对象进行各项修改，包括变形、排列、对齐，以及对位图、元件、形状进行各项修改等。
- "文本"：该菜单主要用于对文本进行编辑，包括大小、字体、样式等属性。
- "命令"：该菜单主要用于管理与运行通过"历史记录"面板所保存的命令。
- "控制"：该菜单主要用于控制影片播放，包括测试影片、播放影片等。
- "调试"：该菜单主要用于调试影片中的 ActionScript 脚本。
- "窗口"：该菜单主要用于控制各种面板的显示与隐藏，包括时间轴、工具面板、工具栏以及各浮动面板等。
- "帮助"：该菜单提供了 Flash CS6 的各种帮助信息。
- "放大"：单击该按钮，将光标放置在舞台中，此时光标显示为氏图标，在需要放大的位置处单击，以原来的两倍放大显示。

2．工具栏(见图 3-5)

1）选择工具

Flash 中的选择工具，用途包括选择、移动、编辑、改变形状。

(1) 选择。

选择的方法一是框选，可以框选全部或框选部分，二是点选，对于有边框和填充色的图形，双击把边框和填充色选中。按住<Shift>键点选，可以选择不连续的多个图形。

(2) 移动。

按下左键拖动光标便可移动图形。

(3) 编辑。

当光标移动到图形边框时，光标右下方出现圆弧线，按下左键拖动，可改变图形边框形状，改变的边框是曲线，当按下 C<trl>或<Alt>键再拖动光标时，边框改变为带尖角的直线。当光标移动到图形边框时，光标右下方出现直角，按下左键拖动，可移动图形定点位置，从而改变图形形状。

图 3-5　工具栏的图例

(4) 改变形状。

如果想将一条直线变成弧线，就需要使用"选择工具"，当"选择工具"接近直线时，在它的黑色箭头下会出现一个"小弧线"，这时按住鼠标向下或向上拖动，就可以改变"直线"为"弧线"。如果想将一条直线改变成"S"型线，也可以通过"选择工具"来实现。在选择和改变形状的过程中，还可以配合快捷键的使用而增加其他更多的功能，比如按住<ALT>键拖动为复制操作，按住<Shift>键选择图形为多选图形等。

2）部分选取工具

Flash 的部分选取工具，主要用于钢笔绘制的线段和图形的锚点调整。配合相应的按键使用，可以实现不同的功能。

(1) Alt 键：对于直角线段和直线的锚点，按下键盘<Alt>键可以将直角线段和直线改变为曲线；在调整曲线时，可以使用"部分选取工具"选择控制点会出现两条控制杆，普通操作时，两条控制杆会同时改变位置，按下键盘<Alt>键，可以对其中的一条控制杆进行调整，另外一条控制杆不受影响。如果不选锚点，而是选择线段按<Alt>键拖动，则可以复制线段。

(2) Ctrl 键：使用"部分选取工具"时，按下键盘<Ctrl>键，可以临时切换为"任意变形工具"，这时可以对图形或线段进行调整；当松开<Ctrl>键后，又会变回"部分选取工具"。

(3) Shift 键：使用"部分选取工具"对多个图形进行修改操作可以按下键盘<Shift>键。

(4) Delete 键：使用部分选取工具选择锚点后，按下键盘<Delete>键可以对锚点进行删除。

3) 任意变形工具

"任意变形工具"可以改变图形的基本形状。当选择了"任意变形工具"时，在工具箱的下端选项区中会有四个功能提供选择，分别是："旋转与倾斜"、"缩放"、"扭曲"和"封套"功能。图 3-6 为使用封套功能对文字进行变形。

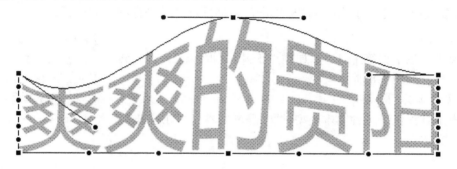

图 3-6 使用封套功能变形文字

4) 填充变形工具

通过"填充变形工具"可以对颜色渐变形状、位置、大小范围进行调整。当图形有了渐变填充颜色后，用变形工具点击图形渐变区域，将出现四个调节控制点，如图 3-7 所示。

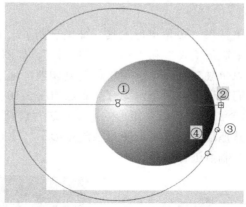

图 3-7 四个调节控制点

(1) 是移动整个颜色渐变位置的。

(2) 是调渐变范围的。

(3) 是调渐变大小的。

(4) 是调整旋转渐变的。

5) 3D 平移 和 3D 旋转工具

Flash 允许用户在舞台的 3D 空间中移动和旋转影片剪辑来创建 3D 效果。Flash 通过影片剪辑实例的 Z 轴属性来表示 3D 空间。通过使用 3D 平移和 3D 旋转工具沿着影片剪辑实例的 Z 轴移动和旋转影片剪辑实例，可以向影片剪辑实例中添加 3D 透视效果。它具有 3D 旋转功能，之前的 Flash 只能对图像 X 轴和 Y 轴进行调节，现在已经可以对 Z 轴进行调节了。X 轴、Y 轴、Z 轴三个方向的调节，使得 Flash 的 3D 旋转功能更加实用。

6) 套索工具

套索工具可以对图形进行选择，可以对图形的任意选择区域进行编辑。当选择了套索工具后，在选项区中会有三个按钮，分别是魔术棒、魔术棒设置、多边形模式。

(1) 魔术棒：魔术棒是针对导入到舞台的图片，将图片分离后，就可以使用魔术棒对颜色相同的区域进行选择了。

(2) 多边形模式：可以通过鼠标单击，移动框选区域进行图形的选择。

7) 钢笔工具

钢笔工具包括钢笔工具、添加锚点工具、删除锚点工具、转换锚点工具，如图 3-8 所示。

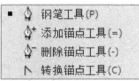

图 3-8　钢笔工具

8) 文本工具 T

文本工具提供了三种文本类型，即"静态文本"、"动态文本"和"输入文本"。

9) 直线工具

直线工具主要用于绘制直线。当选择了"直线工具"时，在工具箱的选项区里有两个按钮，分别是"对象绘制"和"贴紧至对象"按钮。当选择了"对象绘制"按钮时，在舞台中所绘制的"直线"自动转换为"组"。当选择了"贴紧至对象"按钮时，在绘制形象时，线段会开启"吸附"功能，可以更好地绘制形象。

10) 矩形工具

"椭圆工具"、"矩形工具"、"多角星形工具"被集合到了一个工具组中，同时又增加了两个新的工具，即"基本矩形工具"和"基本椭圆工具"，如图 3-9 所示。

"基本矩形工具"可以单独对某一个圆角进行精确调整。通过工具调整好在舞台中绘制的一个基本矩形后，我们发现它的四个角均有控制点如图 3-10 所示，选择"选择工具"或"部分选取工具"，这两个工具都可以对矩形的控制点进行调整。选择"选择工具"在矩形的一角按下鼠标左键，并拖动，它就可以变为圆角矩形了。此时注意它一共有 8 个控制点，可以分别选择不同的控制点进行调整。

图 3-9　工具组

图 3-10　控制点

11) 铅笔工具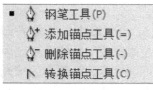

"铅笔工具"可以任意地绘制线段,"铅笔工具"的三种类型分别是伸直、平滑、墨水,如图 3-11 所示。

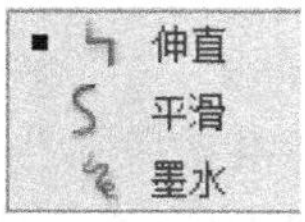

图 3-11 铅笔工具三种类型

(1) 伸直:选择伸直模式,绘制的图形线段会根据绘制的方式自动调整为平直或圆弧的线段。

(2) 平滑:选择平滑模式,所绘制直线被自动平滑处理,平滑是动画绘制中首选设置。

(3) 墨水:选择墨水模式,所绘制直线接近手绘,即使很小的抖动,都可以体现在所绘制线条中。

12) 钢笔工具 (见图 3-12)

钢笔工具用于绘制精确的直线或曲线或图形。在"首选参数"面板下"类别"栏中选择"绘画",进入"绘画"设置面板,可以对钢笔工具的显示钢笔预览、显示实心点、显示精确光标等进行设置。选择"显示钢笔预览"选项,在使用"钢笔工具"时,就会提前预览到线段的位置,未选择该选项,则没有预览显示。选择"显示实心点"选项,"钢笔工具"绘制的路径点显示为实心点,在选此选项之

图 3-12 钢笔工具

前,所有路径点显示为空心点。选择"显示精确光标"选项,"钢笔工具"显示为"十字光标"。

13) 刷子工具

刷子工具是模拟软笔的绘画方式,可用于绘制任意的线条或图形,也可用于随意填充颜色,刷子工具包含以下几种选项,如图 3-13 所示:

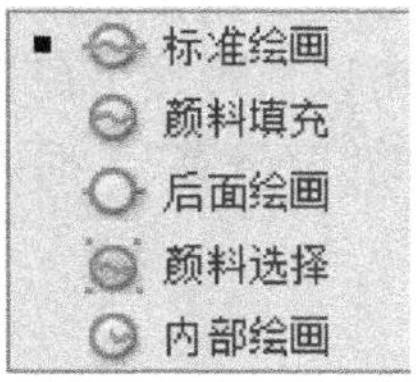

(1) 标准绘画:笔刷进行绘画时,会覆盖住原有图形,但不影响导入的图形和文本对象。

(2) 颜料填充:笔刷进行绘画时,会覆盖原有图形,但不会对线条起作用。

图 3-13 刷子工具

(3) 后面绘画:使用笔刷进行绘制时,只能在之前的图形下面进行绘画。

(4) 颜料选择:在选定区域内进行绘画,使用选择工具或套索工具对色块进行选择后,在选择区域内绘画。

(5) 内部绘画:笔刷只能在完全封闭的区域内绘画,起点在空白区域,故只能在空白区域进行绘画。

通过"刷子大小"下拉菜单,可以对刷子的大小进行选择。通过"刷子形状"下拉菜单,可以对刷子形状进行选择,在"刷子形状"下拉菜单中提供了圆、椭圆、方形、长方形、斜线形等,如图 3-14 所示。

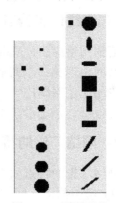

图 3-14 刷子形状

14) 橡皮擦工具

橡皮擦工具有很多实用的功能,可以帮助动画绘制人员快速处理制作中的问题。在橡

皮擦的下拉选项中提供了标准擦除、擦除填色、擦除线条、擦除所选填充和内部擦除，如图 3-15 所示。

(1) 标准擦除：当选择了橡皮擦工具的标准擦除后，可以对同一图层中的形状、边线和打散的位图及文字进行擦除。

(2) 擦除填色：这个选项比较独特，在动画制作中也经常会使用到。当选择了擦除填色时，橡皮擦经过的地方，只会对填充的色块造成影响，线条不会被擦除。

(3) 擦除线条：当选择擦除线条选项后，只能擦除外部边线，不会对填充的颜色造成影响。

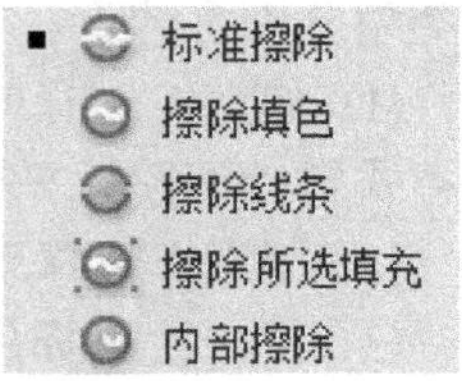

图 3-15　橡皮擦下拉选项

(4) 擦除所选填充：当使用套索工具选择了图形后，橡皮擦工具可以擦除被选择的部分。

(5) 内部擦除：当选择了内部擦除后，只能擦除图形封闭区域内连续的填充色。

在橡皮擦工具的选项区中，有一个水龙头选项，选择了水龙头选项后，通过单击鼠标左键可以快速删除图形的填充色和边线。橡皮擦形状选项下拉菜单可以对橡皮擦的形状和大小进行调整。

15) 缩放工具

缩放工具用于更改舞台显示的缩放比率，以便查看整个舞台，或者以特定的缩放比率查看舞台的特定区域。

16) 手形工具

手形工具用于移动舞台，以便在不更改缩放比率的情况下更改视图。当鼠标变为手形以后就可以通过按下鼠标实现对舞台的移动。在使用 Flash 制作动画的过程中，只要按下键盘上的"空格键"，都可以临时变为"手形工具"，松开"空格键"，则又恢复到之前的工具。

3.2　网站广告设计指南

3.2.1　网络广告的概念

所谓网络广告，是指在互联网上发布的以数字代码为载体的经营性广告。自 1997 年中国互联网出现第一个商业性网络广告以来，网络广告一直受到不少人的青睐。与传统的媒体广告相比，网络广告有着得天独厚的先天优势。网络广告将成为继传统四大媒体(电视、广播、报纸、杂志)之后的第五大媒体。

3.2.2　网络广告的特点

网络广告的特点如下：

(1) 覆盖面广。网络广告的传播范围广泛，可以通过互联网络把广告信息 24 小时不间断地传播到全球各地，不受时间限制，也不受地域限制。

(2) 自主性。网络广告属于按需广告，具有报纸分类广告的性质却不需要你彻底浏览，它可让你自由查询，将你要找的资讯集中呈现给你，避免无效的、被动的查询。

（3）统计准确性。网络广告无论是广告在用户眼前曝光的次数，还是用户产生兴趣后进一步点击广告，以及用户查阅的时间分布和地域分布，都可以进行精确的统计，从而有助于客户正确评估广告效果，审定广告投放策略。

（4）调整实时性。在传统媒体上做广告发版后很难更改，即使可改动也需要付出一定的资金和浪费不少时间。而在网页上投放的广告能按照需要及时变更广告内容，因而经营策略可以及时调整和实施。

（5）交互性和感官性。

网络广告的载体基本上是多媒体、超文本格式文件，只要受众对某产品感兴趣，仅需点击鼠标就能进一步了解更多、更为详细、生动的信息，从而使消费者能亲身"体验"产品、服务与品牌。

3.2.3　网站广告设计的基本原则

网站广告设计的基本原则如下：

（1）遵循科学性。

在广告设计过程中，应该自觉运用人的视觉规律、听觉规律和心理联想机制，使广告作品的字体、色彩、情节等符合人的感知规律，以科学为保障，提高广告作品的影响力。

（2）艺术性。

从某种意义上讲，广告宣传作品的设计也是艺术创作，因此，在广告作品设计过程中，以艺术化的表现手法渲染艺术化的作品意境，提高广告作品的艺术品位，然后借助艺术品位强化广告作品的市场效用。

（3）注重特色性。

在广告作品设计中，从字体运用、图画创作到情节设计、色彩组合都应该形成自己独特、鲜明的风格，以特色化的作品形象提高广告的影响力。

（4）强化吸引性。

设计中应该集中公众最感兴趣的内容，凝聚在一起，置于最显眼之处，突出宣传的核心信息，以便有效地吸引公众的注意力。

（5）针对性。

不同的商品拥有不同的目标公众，他们的审美情趣、艺术品位不尽相同，这是策划广告宣传必须注意的事实。

3.2.4　网站广告的类型

网站广告的类型如下：

（1）网幅广告(包含 Banner、Button、通栏、竖边、巨幅等)。

网幅广告是以 GIF、JPEG、Flash 等格式建立的图像文件，定位在网页中大多用来表现广告内容，同时还可产生交互性，增强表现力。

（2）文本链接广告。

文本链接广告是以一排文字作为一个广告，点击都可以进入相应的广告页面。

（3）电子邮件广告。

电子邮件广告具有针对性强、费用低廉的特点，且广告内容不受限制。

(4) 赞助式广告。

赞助式广告的形式多种多样，在传统的网络广告之外，给予广告主更多的选择。广告与内容的结合可以说是赞助式广告的一种，从表面上看起来它们更像网页上的内容而并非广告。

(5) 弹出式广告。

访问者在打开网页时强制插入一个广告页面或弹出广告窗口。弹出式广告有各种尺寸，有全屏的也有小窗口的，从静态的到全部动态的都有。它们的出现没有任何征兆，且肯定会被浏览者看到。

(6) 富媒体。

富媒体(Rich Media)并不是一种具体的互联网媒体形式，而是指具有动画、声音、视频交互性的信息传播方法，包含流媒体、声音、Flash、以及 Java、JavaScript、DHTML 等的组合。

3.3　制作网页广告实例

3.3.1　设计 Banner 宣传广告实例

Banner 广告，即标志广告，又称横幅广告、全幅广告、条幅广告、旗幅广告。Banner 是位于网页顶部、中部、底部任意一处，横向贯穿整个或者大半个页面的广告条。本节以制作一个公司 Banner 宣传广告为例，讲解 Flash 的综合应用。

1．主题

本实例的主题是宣传公司产品优点。

2．知识点

1) 元件与实例

(1) 元件是指在 Flash 中创建的图形、按钮或影片剪辑，可以在影片中重复使用。元件可以包含从其他应用程序中导入的插画，任何创建的元件都会自动变成当前项目库的一部分。

① 图形元件：可以重复使用的静态图像，或连接到主影片时间轴上的可重复播放的动画片段。图形元件与影片的时间轴同步运行。

② 按钮元件：是一个只有 4 帧的影片剪辑，但它的时间轴不能播放，只能根据鼠标指针的动作做出简单的响应，并转到相应的帧。

③ 影片剪辑元件：可以完全独立于主场景时间轴并且可以重复播放的静态图像或动画。

(2) 实例是指位于舞台上或嵌套在另一个元件内的原件副本，实例可以与它的元件的颜色大小和功能上差别很大，编辑原件会更新它的所有实例，但对元件的一个实例应用效果则只更新该实例。

(3) 元件与实例关系：重复使用实例会增加文件的大小，元件是使文档文件保持较小的策略中很好的一部分。元件还简化了文档的编辑，当编辑元件时，该元件的所有实例都相应地更新以反映编辑。元件的好处是使用它们可以创建完善的交互性。实例是对原始元件的引用。

2) 创建元件的方式

(1) 通过"插入—新建"元件命令(见图 3-16)，打开元件创建对话框，输入名称和选择类型，设定文件夹，如图 3-17 所示。

图 3-16　"插入—新建"元件命令　　　　图 3-17　元件创建对话框

(2) 通过库面板，单击新建元件按钮，打开元件创建对话框，输入名称和选择类型，设定文件夹。

(3) 在场景中选择需要创建的对象，单击右键，在弹出菜单中选择"转换为元件"，打开元件创建对话框，输入名称和选择类型，如图 3-18 所示。

图 3-18　"转换为元件"菜单

3) 色彩样式

Flash 每个元件实例都可以有自己的色彩效果。要设置实例的颜色和透明度选项，打开属性检查器即可。当在特定帧中改变一个实例的颜色和透明度时，Flash 会在显示该帧时立即进行这些更改。当补间颜色时，在实例的开始关键帧和结束关键帧中输入不同的效果设置，然后补间这些设置，以让实例的颜色随着时间逐渐变化。如果对包含多帧的影片剪辑元件应用色彩效果，会将该效果应用于该影片剪辑元件中的每一帧。

图 3-19　色彩效果菜单

"色彩效果"部分的"样式"菜单中有下列选项，如图 3-19 所示。

(1) 亮度：调节图像的相对亮度或暗度，度量范围是从黑(-100%)到白(100%)。

(2) 色调：用相同的色相为实例着色。要设置色调百分比从透明(0%)到完全饱和(100%)，可用属性检查器中的色调滑块。若要调整色调，则单击此三角形并拖动滑块，或者在框中输入一个值。若要选择颜色，则在各自的框中输入红、绿和蓝色的值；或者单击"颜色"控件，然后从"颜色选择器"中选择一种颜色。

(3) Alpha：调节实例的透明度，调节范围是从透明(0%)到完全饱和(100%)。

(4) 高级：分别调节实例的红色、绿色、蓝色和透明度值。左侧的控件可以按指定的百分比降低颜色或透明度的值，右侧的控件可以按常数值降低或增大颜色或透明度的值。

4) 补间动画

Flash 中补间动画分为两类：一类是用于形状变化的形状补间动画；另一类是用于图形及元件的动画补间动画。Flash CS6 补间动画的类型包括：传统补间动画和运动补间动画、形状补间动画。三种创建补间的形式如下：

① 创建运动补间动画，可以完成传统补间动画的效果、3D 补间动画。

② 创建形状补间动画，用于变形动画。

③ 创建传统补间动画。用于改变位置、旋转、放大缩小、透明度变化。

(1) 传统补间动画。因为 Flash 加入了 3D 的一些功能，导致在补间上传统的两种补间就无法实现 3D 的旋转，所以为了区别就把以往的那种创建补间动画改为传统补间动画。

(2) 运动补间动画是指在一个关键帧上放置一个元件，然后在另一个关键帧上改变这个元件的大小、颜色、位置、透明度等，Flash 将自动根据二者之间的帧的值创建的动画。运动补间动画建立后，时间帧面板的背景色变为淡紫色，在起始帧和结束帧之间有一个长长的箭头。构成运动补间动画的元素是元件，包括影片剪辑、图形元件、按钮、文字、位图、组合等，但不能是形状，只有把形状组合<Ctrl+G>或者转换成元件后才可以做运动补间动画。

(3) 形状补间动画是指在一个关键帧上绘制一个形状，然后在另一个关键帧上更改该形状或绘制另一个形状，Flash 将自动根据两个关键帧之间的帧的值或形状来创建的动画。它可以实现两个图形之间颜色、形状、大小、位置的相互变化。形状补间动画建立后，时间帧面板的背景色变为淡绿色，在起始帧和结束帧之间也有一个长长的箭头，构成形状补间动画的元素多为用鼠标或压感笔绘制出的形状。

5) 制作传统补间动画

制作传统补间动画的具体步骤如下：

(1) 在时间轴第一帧绘制一个图形，按<F8>键将其转化为图形元件，如图 3-20 所示。

(2) 鼠标单击第 20 帧插入一个关键帧，将此帧上的图形做旋转(或位移或放大缩小变形)，如图 3-21 所示。

(3) 选择第一帧点击右键，在右键菜单里选择创建传统补间动画，则完成传统补间动画的制作，如图 3-22 所示。

图 3-20　绘制图形　　　　图 3-21　旋转　　　图 3-22　创建传统补间动画

6) 制作补间形状动画

制作补间形状动画的具体步骤如下：

(1) 在时间轴第一帧绘制一个图形(如三角形)，如图 3-23 所示。

(2) 在时间轴第 20 帧插入一个空白关键帧，然后在这一帧绘制一个正方形，如图 3-24 所示。

(3) 选择第一帧点右键，选择创建补间形状，则完成补间形状动画制作。

图 3-23　绘制三角形　　　　图 3-24　绘制正方形　　　　图 3-25　创建补间形状

7) 制作 3D 旋转补间动画

制作 3D 旋转补间动画的具体步骤如下：

(1) 在时间轴第一帧绘制一个椭圆，将其转为影片剪辑(这里要做 3D 旋转，而 3D 旋转只对影片剪辑有效)，如图 3-26 所示。

(2) 在第 20 帧处插入帧(注意:是插入帧而不是插入关键帧)，如图 3-27 所示。

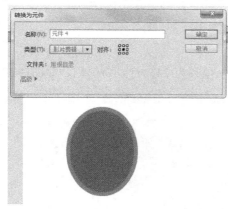

图 3-26　绘制椭圆　　　　　　　　　　　　　图 3-27　插入帧

(3) 选择第 1 帧，点击右键选择第 1 项创建补间动画，之后选择第 20 帧(注意：只选择第 20 帧而不是 1~20 帧)，点击右键，选择插入关键帧，而后选择旋转，如图 3-28 所示。

图 3-28　选择旋转

(4) 选择工具栏上的 3D 旋转工具，给第 1 帧或第 20 帧做一个角度旋转，此时动画完成，如图 3-29 所示。

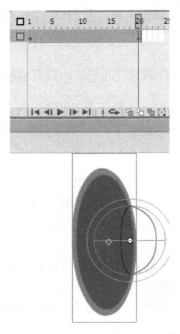

图 3-29　效果图

3. 制作过程

(1) 新建 468×60 像素的全幅 Banner 广告，帧频为 24，背景为黑色，如图 3-30 所示。

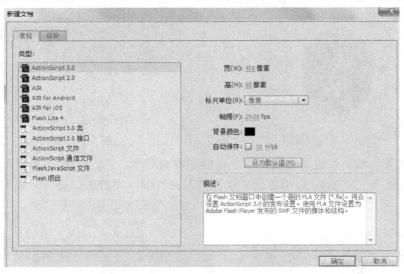

图 3-30　创建全幅广告

(2) 在图层 1 上，使用矩形工具绘制 468×300 的白色矩形，如图 3-31 所示。打开对齐面板，设定为"与舞台对齐"，然后设定"水平中齐"和"垂直中齐"，如图 3-32 所示。

图 3-31　使用矩形工具绘制白色矩形

图 3-32　打开对齐面板

(3) 选择矩形，单击鼠标右键，在弹出菜单中将矩形转换为图形元件，如图 3-33 所示。

(4) 在图层 1 第 15 帧处插入关键帧，选择属性窗口，将矩形高度设为 1 像素，在第 40 帧处选择插入帧。选择图层 1 的第 1 个关键帧，再选择矩形对象，在属性窗口中选择"色彩效果"选项，将 Alpha 透明度调整为 30%，如图 3-34 所示。

图 3-33　矩形转换为图形元件

图 3-34　调整透明度

(5) 选择"插入—时间轴—图层"，新建图层 2，如图 3-35 所示。

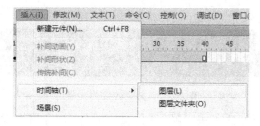

图 3-35　新建图层

(6) 在图层 2 第 15 帧处插入关键帧，选择文本工具输入"华洋机械"文字，大小为 15，颜色白色，水平居中显示，如图 3-36 所示。

图 3-36　使用文本工具输入文字

(7) 选择文字单击右键,在弹出的菜单中选择分离,再次选中被分离的文字单击右键,在弹出的菜单中选择"分散到图层",分别将 4 个文字转换为图形元件。选中被分散到 4 个图层的文字,分别将关键帧拖到第 15、18、21、24 帧,然后在 4 个文字图层的第 18、21、24、27 帧处插入关键帧。选择华字图层中的第 1 个关键帧,选择华字元件,在属性面板中将宽高锁定,宽设定为 70,Alpha 透明度调整为 0%。在两个关键帧中间添加传统补间。以此类推,为其他 3 个字更改属性并创建补间动画,如图 3-37 所示。

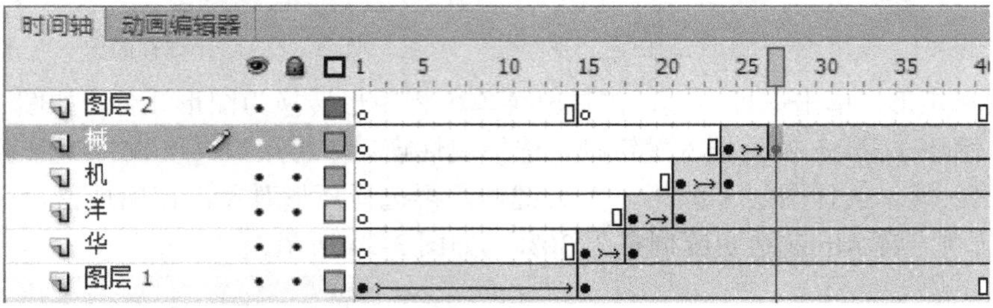

图 3-37　创建补间动画

(8) 将图层 1、4 个文字图层帧延长到 40 帧。在图层 2 中第 40 帧处插入关键帧,将华、洋、机、械 4 个图层中的第 18、21、24、27 帧的元件复制粘贴到图层 2 中第 40 帧处,粘贴时选择粘贴到当前位置,并将 4 个字转换为一个元件,如图 3-38 所示。

图 3-38　文字转换为元件

(9) 在图层 2 第 45 帧处插入关键帧,选择文字元件,打开属性面板调整文字元件宽 615,高不变,Alpha 透明度为 0,在两个关键帧中间创建传统补间动画。

(10) 新建图层,命名为背景层。在背景层第 45 帧处插入关键帧,绘制 468×60 的矩形,并应用渐变填充,填充效果设置如图 3-39 所示。

(11) 将背景层中矩形转换为元件，分别在第 50、55、60 帧处插入关键帧，其第 45、50、55、60 帧元件位置和大小设置如图 3-40 所示，在所有关键帧之间创建传统补间。

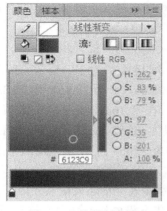

图 3-39　使用渐变填充　　　　　　　　　　图 3-40　设置元件位置和大小

(12) 新建图层，命名为文字背景图层，在第 60 帧处插入关键帧，输入 HUAYANGJIXIE 拼音，大小为 12，间距 28，转换为图形元件 9，调整透明度为 49%，并设置 X 为 249.10，Y 为 19.05，复制图形 9，执行垂直翻转命令，调整透明度为 19%，并设置 X 为 249.10，Y 为 37.05，如图 3-41 所示。

图 3-41　调整透明度

(13) 新建图层，命名为设备图层，在第 60 帧处插入关键帧，导入图片并转换为元件，调整大小为宽 79.75，高 53.85，并设置 X 为 393，Y 为 27，调整透明度为 16%。在第 65 帧处插入关键帧，设置 X 为 360，Y 为 27，调整透明度为 100%。在第 66 帧处插入关键帧，调整色调着色为白色，色调着色量为 100%。在第 67 帧处插入关键帧，调整色调着色为白色，色调着色量为 0。为所有关键帧之间创建传统补间动画。在第 105 帧处插入关键帧。在第 109 帧处插入关键帧，并将透明度调整为 0，在第 105 和 109 两个关键帧中间创建传统补间动画。在第 121 帧处插入帧。

(14) 新建图层，命名为广告文字图层，在第 67 帧处插入关键帧，输入文字，大小为 12，调整色调着色为白色，将文字转换为元件，并设置 X 为 158，Y 为 45。在第 85 帧处插入关键帧，并设置 X 为 182，Y 为 45。在第 88 帧处插入关键帧，将透明度调整为 0。为所有关键帧之间创建传统补间动画。在第 121 帧处插入帧。

(15) 新建图层，命名为技术唯一图层，在第 67 帧处插入关键帧，输入文字，大小为 25，调整色调着色为白色，将文字转换为元件，透明度调整为 16%，设置宽 150，高 31.7。在第 72 帧处插入关键帧，将透明度调整为 100%，设置宽 150，高 66.9，将透明度调整为 0。为所有关键帧之间创建传统补间动画。在第 85 帧处插入关键帧，第 88 帧处插入关键帧，将透明度调整为 0，为两个关键帧之间创建传统补间动画。

（16）新建图层命名为"多用途介绍"图层，在第 88 帧处插入关键帧。输入相关文字，大小为 12，调整色调着色为白色，将文字转换为元件，并设置 X 为 153.7，Y 为 45。在 103 帧处插入关键帧，调整并设置 X 为 176.7，Y 为 45。在第 109 帧处插入关键帧，设置透明度为 0，其他不变。在所有关键帧中间创建传统补间动画。在第 121 帧处插入帧。

（17）新建图层命名为"多用途"图层，在第 88 帧处插入关键帧。输入相关文字，大小为 25，调整色调着色为白色，将文字转换为元件，并设置 X 为 143，Y 为 18.45，宽 210.3，高 76.8，透明度 16%。在第 95 帧处插入关键帧，设置 X 为 105.65，Y 为 20.45，宽 79.35，高 29，透明度 100%。在两个关键帧中间创建传统补间动画。在第 103 帧处插入关键帧。在第 105 帧处插入关键帧，调整色调着色为黑色，色调着色量为 100%。在第 107 帧处插入关键帧，调整色调着色量为 0。在第 109 帧处插入关键帧，调整 Alpha 为 0。在第 121 帧处插入帧。

（18）新建两个图层，分别在第 112 帧处插入关键帧，分别输入"华洋机械"、"以人为本"，并转换为元件，分别在第 118 帧处插入关键帧，设置"华洋机械"元件向右移动 40，"以人为本"元件向左移动 40，设置 Alpha 为 0。

3.3.2　给 Flash 首页添加链接

给 Flash 首页添加链接的操作步骤如下：

（1）新建文档，设定为 200×200。

（2）绘制一个正圆，并输入文字，具体设置如图 3-42 所示。

图 3-42　绘制正圆，并输入文字

（3）新建图层 2，在图层 2 上绘制一个 200×200 的矩形，将其转换为按钮元件，并将其 Alpha 设为 0，如图 3-43 所示。

（4）选择按钮对象，单击右键，在弹出菜单中选择"动作"选项，如图 3-44 所示。

图 3-43　新建图层，并转换为按钮元件

图 3-44　弹出菜单选择"动作"选项

　　(5) 选中按钮，选择动作面板中的代码片段，如图 3-45 所示，打开代码片段窗口。打开"动作"下拉选项，再打开"单击以转到 Web 页"，软件自动为我们添加打开网页的代码。本例以打开淘宝网为例，如图 3-46 所示。

图 3-45　选择动作面板中代码片段

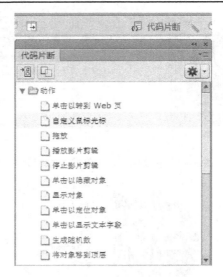

图 3-46　打开代码片段

代码如下：

```
button_1.addEventListener(MouseEvent.CLICK, fl_ClickToGoToWebPage_3);

function fl_ClickToGoToWebPage_3(event:MouseEvent):void
{
    navigateToURL(new URLRequest("http://www.taobao.com"), "_blank");
}
```

3.3.3　制作可控制声音播放动画

本例是制作一个可控制音乐开关的简短贵州梯田风光照片欣赏动画，基本要求如下：

(1) 建立一个可由 AS 控制的声音对象。

(2) 将库中指定的声音附加到这个对象上。

(3) 制作一个有放音和消音图标的 MC 。

(4) 初始为自动播放，并有放音图标显示。

(5) 一次点击 MC 后，显示静音图标，存储当前音量值，同时将音量设为 0；再次点击，显示放音图标，并为声音对象设置已存储的音量值。

1．知识点

代码如下：

```
mySound=new Sound();              //新建一个声音对象
mySound.attachSound();            //从库中加载声音
mySound.getBytesLoaded();         //获取声音载入的字节数
mySound.getBytesTotal();          //获取声音的总字节数
mySound.start();        //开始播放声音。括号中若填整数值，即从声音播放后的这一秒开始播放
mySound.stop();                   //停止声音的播放
```

```
mySound.getVolume();        //获取当前的音量大小(范围为 0～100)
mySound.setVolume();        //设置当前音乐的音量(范围为 0～100)
mySound.duration;           //声音的长度 (单位为毫秒，1000 毫秒＝1 秒)
mySound.position;           //声音已播放的毫秒数(单位为毫秒)
```

2．操作步骤

制作步骤如下：

(1) 新建大小为 600×400 的项目文件，背景颜色为黑色。

(2) 新建影片剪辑，命名为"图片欣赏"，在影片剪辑中导入贵州梯田风光照片，制作图片出现的动画效果，如图 3-47 所示。

图 3-47　新建影片剪辑

(3) 新建图层创建文字标题，效果如图 3-48 所示。

图 3-48　新建图层创建文字标题

(4) 将图片欣赏影片剪辑放置到图片欣赏图层，并设置其延长到第 3 帧。

(5) 新建影片剪辑元件，命名为"声音控制"，如图 3-49 所示。

(6) 在声音控制影片剪辑中，新建 3 个图层分别为静音、放音、AS。新建影片剪辑，命名为"soundstart"，绘制喇叭播放声音图标，如图 3-50 所示。新建影片剪辑，命名为

图 3-49　新建元件

"soundstop"，绘制喇叭静音图标，如图 3-50 所示。之后，分别将 soundstart、soundstop 影片剪辑放在放音和静音图层上，再将两个影片剪辑的实例名称改为 soundstart、soundstop，分别在第 2 帧插入帧，如图 3-50 所示。

图 3-50　新建影片剪辑

(7) 在声音控制影片剪辑的 AS 图层的第 1 帧中插入空白关键帧，并打开动作面板输入脚本：

```
i = 0;
this.soundstart._visible = 0;
```

在第 2 个帧中插入空白关键帧，并打开动作面板输入脚本：

```
stop();
```

(8) 将声音控制影片剪辑拖放到场景中，放置在场景中右下角，在第 3 帧插入帧，如图 3-51 所示。

图 3-51　将声音控制影片剪辑拖放到场景中

（9）将音乐文件导入到库中，打开声音属性面板，选择"ActionScript"中的"ActionScript 链接"，选中"为 ActionScript 导出"和"在第 1 帧中导出"，前者是确定要接受动作脚本控制，后者确定要在生成 SWF 文件时被导出。将标识符名称命名为"bjyy"。其中的"标识符"即为对象命名，这样程序才能识别和控制，如图 3-52 所示。

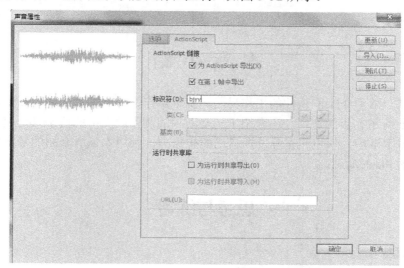

图 3-52　打开声音属性面板

（10）在主时间轴上的 AS 图层的第 1 帧处插入关键帧，打开动作脚本并输入：

```
sheng = new Sound();              //构建一个 Sound 对象"sheng"
sheng.attachSound("bjyy");        //将库中的声音文件"bjyy"加载到声音对象上
sheng.start(1);                   //令声音从第 1 帧开始播放
```

（11）在主时间轴上面的 AS 图层的第 3 帧处插入关键帧，打开动作脚本并输入：

```
if (sheng.position == sheng.duration) {   //条件为已播放长度等于声音总长度
    sheng.start(1);                       //从第 1 秒重新播放
}
gotoAndPlay(2);
```

（12）在声音控制元件上打开动作面板，输入以下脚本：

```
on (release) {
    if (i == 0) {
        n = _root.sheng.getVolume();      //获取当前的音量值并赋值给变量 n
        _root.sheng.setVolume(0);         //设置 Sound 对象的音量为 0
        this.soundstart._visible = 0;
        this.soundstop._visible = 1;
        i = 1;
    } else {
        _root.sheng.setVolume(n);         //设置 Sound 对象的音量为 n
        this.soundstart._visible = 1;
```

```
            this.soundstop._visible = 0;
            i = 0;
        }
    }
```

(13) 测试影片。

本 章 小 结

　　本章重点介绍了 Flash 软件的工作界面、基本操作、基本工具的使用和基本概念，让学生对 Flash 有了初步的认识，还介绍了一些动画的制作。文中的例子只是起了抛砖引玉的作用。学习本章后，学生应充分发挥自己的想象力，利用本章所介绍的基本步骤和方法制作出精彩的 Flash 动画。

思考与练习

一、填空题

1．动画制作逐帧动画的每一帧都是_____。

2．动画制作要对文本段落应用形状补间，必须将该文本段落分离_____次。

3．测试、导出和发布电影，如果希望在新窗口中预览整个动画，快捷键是_____。

4．Flash 的多角星形工具用来绘制多边形和星形，最少可以设置____条边。

5．用绘图工具绘制图形时，在工具面板下端的选项中进行如图 3-53 所示的设置后，绘制的图形是_____。

图 3-53　对象绘制

二、上机操作题

参照本章范例，自己为某一公司制作一个 Banner 广告。

第 4 章　Dreamweaver 网页制作入门

学习目标

- 了解和掌握 Dreamweaver 的基本操作、使用。
- 掌握 Dreamweaver 模板的创建、使用。
- 掌握 Dreamweaver 库的创建、使用。

4.1　网页文本的输入及属性设置

文本是网页制作的核心，是最常见、运用最广泛的网页元素之一。Dreamweaver 提供了多种向网页中添加文本的方法，可以设置文本字体类型、大小、颜色和对齐属性，可以直接插入文本、插入特殊字符，也可以从其他文档中复制或者导入文本。

4.1.1　插入文本

Dreamweaver 允许通过三种方式在网页中添加文本，即直接将文本输入到网页文档中，从其他文档复制和粘贴文本，从外部导入文本。

1. 直接输入文本

启动 Dreamweaver CS6 后，进入 Dreamweaver 工作界面，在网页编辑窗口中单击需要输入文本的区域，光标闪烁提示输入文本的位置，然后选择适当的输入法即可直接输入文本，如图 4-1 所示。

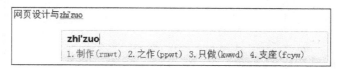

图 4-1　直接输入文本

2. 从其他文档复制和粘贴文本

通过使用复制和粘贴操作，文本可以从一个地方移动到另一个地方，或者在 Web 文档之间移动。操作方法是：首先选中所需复制的文本内容，单击鼠标右键，在弹出的快捷菜单中选择"复制"命令，如图 4-2 所示；然后将鼠标光标定位到网页中需插入文本的位置，单击鼠标右键，在弹出的快捷菜单中选择"粘贴"命令完成文本的插入，如图 4-3 所示。

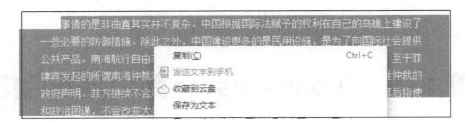

图 4-2　复制文本

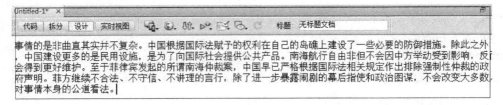

图 4-3　粘贴文本

3. 从外部导入文本

除了在网页中直接输入文本外，Dreamweaver 还可以直接将外部文本(比如 Word、Excel 文档中的内容)导入到网页中。将 Word 文档导入到网页中的操作步骤如下：

(1) 选择"文件"—"导入"—"Word 文档"命令。

(2) 弹出"导入 Word 文档"对话框，在"查找范围"下拉列表框中选择 Word 或 Excel 文档的位置，打开要导入的 Word 文档，单击"确定"按钮，完成设置。

(3) 单击"打开"按钮，将 Word 文档导入到网页中，如图 4-4 所示。

图 4-4　导入文本

Excel 文档导入方法同上，另外还可以直接将文档拖曳到网页上。

4.1.2　设置文本的属性

合理设置网页文本的属性，如字体、颜色、大小、对齐方式等，可使网页看起来更加美观、层次更分明，在"属性"面板中可进行字体、大小、颜色、对齐方式和粗体或斜体的设置。

对网页中的文本进行字体、颜色、大小设置的具体步骤如下：

(1) 选中要设置字体的文本，则该文本将以白字黑底显示，单击属性面板左下侧 CSS，如图 4-5 所示。

图 4-5　设置字体格式

(2) 在属性面板的"字体"下拉列表框中选择一种字体，打开"新建 CSS 规则"对话框，在"选择或输入选择器名称"下拉列表框中输入任意规则名称，单击"确定"按钮，如图 4-6 所示。

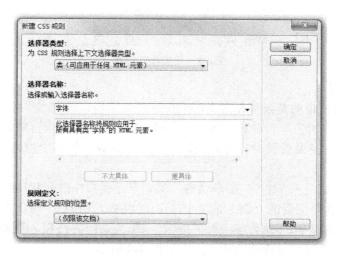

图 4-6　"新建 CSS 规则"对话框

(3) 单击"字体"下拉列表框右侧的"斜体"按钮 *I*，设置文本倾斜，然后在"大小"下拉列表框中选择"36"选项。

(4) 选择下方的说明文本，使用同样的方法设置文本字体，字体大小为"24"，然后单击"文本颜色"按钮，在弹出的颜色框中选择一种文本颜色，如图 4-7 所示。

(5) 设置完成后保存文档，然后按<F12>键预览即可。

同样，我们还可以对网页中的段落文本进行对齐、缩进等属性设置，使用"属性"面板中的"格式"下拉列表，或选择"格式"—"段落格式"菜单命令，可以将段落格式设置为一级标题、二级标题、三级标题等标题样式，其中标题号越小，字体越大。

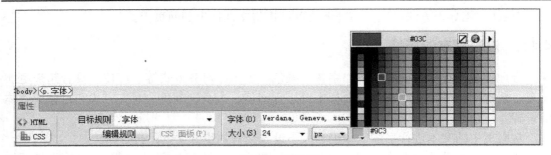

图 4-7　颜色框

1. 设置段落标题

将鼠标光标定位到要设置标题样式的段落文本中，在"属性"面板中单击 ⟨⟩ HTML 按钮，然后在"格式"下拉列表框中即可选择相对应的选项，如图 4-8 所示。

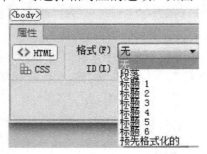

图 4-8　设置段落标题

2. 设置段落对齐

段落的对齐方式指的是段落相对文件窗口或者浏览器窗口在水平位置的对齐方式，共有四种对齐方式：左对齐、右对齐、居中对齐和两端对齐。设置段落对齐的操作步骤如下：

(1) 将光标放置在要设置对齐方式的段落中，如果要设置多个段落的对齐方式，则选择多个段落。

(2) 选择"格式"—"对齐"菜单命令，然后从子菜单中选择相应的对齐方式。

(3) 单击"属性"面板的"CSS 选项卡"中的对齐方式按钮，可供选择的按钮有 4 个。其中，▤ 为左对齐按钮，▤ 为居中对齐按钮，▤ 为右对齐按钮，▤ 为两端对齐按钮，单击其中一个，可设置相对应的对齐方式，如图 4-9 所示。

图 4-9　设置段落对齐方式

3. 设置段落缩进

在强调一段文字或引用其他来源的文字时，需要对文字进行缩进设置，以表示和普通段落之间的区别。段落缩进可以将整个文本进行凸出或缩进显示，段落缩进的具体操作步骤如下：

（1）将光标放置在要设置段落缩进的段落中，如果要缩进多个段落，则选择多个段落。

（2）选择"格式"—"缩进"菜单命令，或单击"属性"面板中的"删除内缩区块"按钮 ，将段落凸出显示，而单击"内缩区块"按钮 可将段落缩进显示，如图 4-10 所示为缩进前后的显示效果。

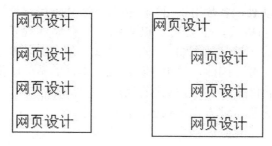

图 4-10　缩进前后效果

4.1.3　插入特殊字符

在 Dreamweaver CS6 中，可以为文档添加多种特殊符号，如版权符号、注册商标符号等，具体操作步骤为：将鼠标光标定位到要添加特殊符号的位置，选择"插入"—"HTML"—"特殊符号"命令，在弹出的子菜单中选择相应的命令，可快速添加特定的特殊符号。若未找到需要的符号，选择"其他字符"命令，在打开的"插入其他字符"对话框中可选择更多的选项，如图 4-11 所示。

图 4-11　"插入其他字符"对话框

4.2　在网页中插入图像

图像是网页的重要组成部分。一个漂亮的网页通常是图文并茂的，精美的图像和漂亮的按钮不但使网页更加美观、形象和生动，而且使网页中的内容更加丰富多彩。在

Dreamweaver CS6 中可为网页添加图像或图像占位符来布局和美化网页。

网页图像对图像的格式有一定的要求，目前网页中通常使用的图像格式为 GIF、JPEG 和 PNG 三种。这三种图像格式的特点如下：

◇ GIF：图像交换格式，是网页中最常用的图像格式，其特点是图像文件占用磁盘空间小，支持透明背景和动画，多数用于图标、按钮、滚动条和背景等。

◇ JPEG：图像压缩格式，主要用于摄影图片的存储和显示，文件的扩展名为.jpg 或.jpeg。这种格式的图像可以高效压缩，图像文件变小的同时基本不失真，因为其丢失的内容是人眼不易察觉的部分，因此，常用来显示颜色丰富的精美图像。

◇ PNG 汲取了 GIF 格式和 JPEG 格式的优点，存储形式丰富，兼有 GIF 格式和 JPEG 格式的色彩模式，采用无损压缩方式来减小文件的大小。

4.2.1　直接插入图像

网页中的图像并不是直接粘贴在文档中的，它是以一种文件链接方式插入的，所以网页中显示的是保存在链接文件夹中的图片文档。在网页中直接插入图像的步骤如下：

(1) 打开网页文档，将鼠标光标定位到网页中需要插入图像的位置，选择"插入"—"图像"命令，打开"选择图像源文件"对话框，在其中选择需要插入的图像后，单击"确定"按钮，如图 4-12 所示。

图 4-12　插入图像

(2) 在打开的"图像标签辅助功能属性"对话框中设置替换文本，也可以直接单击"确定"按钮，直接将图像插入到网页文档中，如图 4-13 所示。

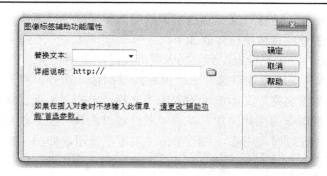

图 4-13　设置替换文本

4.2.2　设置图像属性

在页面中插入图像后单击选定图像，此时图像的周围会出现边框，表示图像正处于选中状态，可对其高度、宽度等属性进行设置，使其在网页中的显示效果达到最佳，如图 4-14 所示。

图 4-14　图像的"属性"面板

图像的"属性"面板中部分参数的含义如下：

◇ 源文件：设置图像文件的位置，如果要用新图像替换原始图像，在"源文件"文本框中输入要插入图像的位置或单击其后的 按钮，在打开的"选择图像源文件"对话框中重新选择其他图像即可。

◇ ID 文本框：用于为图像进行命名，以便使用脚本时对其进行控制或通过定义 CSS 样式来改变图像的显示。

◇ 宽和高文本框：用于设置图像的大小，默认度量单位为像素。单击右侧的 按钮，使其变为 状态，将约束图像的宽和高的比例。当编辑窗口中的图像大小与原始图像不一致时，将在文本框右侧显示 图标，单击该图标将恢复图像的原始大小。

◇ 替换：用于设置图像的简短描述文本，在浏览该网页时，当鼠标指针移动到图像上，或不正常显示图像时会显示该文本。

◇ 按钮：用于调整图像的明暗度，单击该按钮，将打开"亮度—对比度"对话框。拖动"亮度"滑块可以调整图像的明暗度，拖动"对比度"滑块可以调整图像的对比度。

◇ 按钮：用于进行图像裁切。选中需裁切的图像后，单击"属性"面板中的 按钮，图像将出现阴影边框。将鼠标指针移至图像边缘，拖动鼠标，阴影部分的面积将会增大，拖动至合适大小时释放鼠标，完成裁切。

4.2.3　创建鼠标经过的图像

在浏览器中查看网页时，当鼠标经过某些图像时图像会发生变化，移开鼠标指针后，图像又还原到原始图像，这种效果其实是由原始图像和鼠标经过图像组成。

插入鼠标经过图像的具体操作步骤如下：

(1) 打开网页文档，将光标定位到要插入鼠标经过图像的位置。

(2) 选择"插入"—"图像对象"—"鼠标经过图像"命令，打开"插入鼠标经过图像"对话框，在"图像名称"文本框中输入图像名称，单击"原始图像"文本框后的"浏览"按钮，选择一张图作为原始图像，单击"鼠标经过图像"文本框后的"浏览"按钮，选择一张图作为鼠标经过时的图像，然后单击"确定"按钮，如图 4-15 所示。

图 4-15　"插入鼠标经过图像"对话框

(3) 完成鼠标经过图像的创建后，保存网页并预览。当鼠标指针放到图像上时，将显示鼠标经过图像，如图 4-16 所示。

原始图像　　　　　　　　　　　　　鼠标经过图像

图 4-16　效果预览

4.3　创建网页链接

链接是互联网的桥梁，是网页的核心与灵魂。互联网上的各种信息都是通过链接联系在一起的，它将网页文件和其他资源链接在一起形成一个无边无际的网络。链接可以是文本、图像或是其他的网页元素。

超级链接，也称为网页链接、超链接，可以看作是文件指针，利用相关联文件的路径，以指向本地网络驱动器或互联网存储的文件，同时可以跳转到相应的文件，也可以在超链接中指定跳转到文件中的一个具体位置。超链接由源端点和目标端点两部分组成，超链接中有链接的一端称为链接的源端点(即单击的文本或图像)，跳转到的页面称为链接的目标端点。

　　每一个文件都有自己的存放位置和路径，一个文件与要链接的另一个文件之间的路径关系是创建链接的根本。

　　链接路径主要可以分为相对路径、绝对路径和根路径三种。

　　(1) 绝对路径是指包括服务器协议在内的完全路径，例如 http://www.wangyesheji/dreamweaver/index.html，使用绝对路径与链接的源端点无关，只要目标站点地址不变，无论文件在站点中如何移动，都可以正常跳转而不会发生错误。如果需链接当前站点之外的网页或网站，就必须使用绝对路径。

　　(2) 相对路径是指以当前文件所在位置为起点到被链接文件经由的路径，它是站点内最常用的链接形式，例如：dreamweaver/main.html 就是一个文件的相对路径。

　　(3) 根路径是站点内常用的一种链接形式，不过它的参照物是站点根目录，如"D:\mysite\wangye\wangye.html"。

4.3.1　创建文本链接

　　文本链接是最常见的超级链接，它是通过文本作为源端点，达到链接的目的。创建文本超级链接的步骤如下：

　　(1) 在需要插入超级链接的位置选择"插入—超级链接"命令，在打开的"超级链接"对话框中进行链接文本、链接文件和目标打开方式设置，如图 4-17 所示。

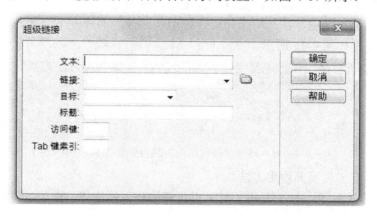

图 4-17　"超级链接"对话框

　　(2) 在网页中选中要创建超级链接的文本，在"属性"面板的"链接"下拉列表框中直接输入链接的 URL 地址或完整的路径和文件名。

　　(3) 单击"链接"下拉列表框后的 📁 按钮，在打开的"选择文件"对话框中选择需要链接的文件，单击"确定"按钮即可链接。

　　(4) 按住"链接"下拉列表框后的 ⊕ 按钮，拖动到右侧的"文件"面板，并指向所需要链接的文件。

创建超级链接后，还需要在"目标"下拉列表框中选择链接文件的打开方式，其中有五个选项，如图 4-18 所示，其含义分别如下：

图 4-18　　"目标"下拉列表框

◇ _blank：单击超链接文本后，目标端点网页会在一个新窗口中打开。

◇ new：单击超链接文本后，将新打开一个浏览器窗口并显示链接文件，它与 _blank 的区别只有在某些浏览器中才会体现出来。

◇ _parent：单击超链接文本后，在上一级浏览器窗口中显示目标端点网页。

◇ _self：单击超链接文本后，在当前浏览器窗口中显示目标端点网页，即替换掉原来的网页。这是 Dreamweaver 的默认设置，当不进行选择设置时，将以该方式打开链接文件。

◇ _top：单击超链接文本后，在最顶层的浏览器窗口中显示目标端点网页。

4.3.2　创建图像链接

创建图像超级链接有两种方法，一种与文本的超级链接基本相同，选择图像后在"属性"面板的"链接"文本框中进行超级链接设置即可；另一种是在同一张图像上创建多个热点区域，然后分别选中这些热点区域，在"属性"面板的"链接"文本框中进行超级链接设置。当用户单击某个热点时，会自动链接到相应的网页。

要创建图像热点区域，在选中图像后，使用"属性"面板左下角的热点创建工具进行热点区域的创建，如图 4-19 所示。

图 4-19　　"属性"面板热点创建工具

下面介绍热点工具及其使用方法。

◇ 指针热点工具 ▶：该工具用于对热点进行操作，如选择、移动、调整图像热点区域范围等。

◇ 矩形热点工具 ▢：用于创建规则的矩形或正方形热点区域。选择该工具后，将鼠标指针移动到选中图像上要创建矩形热点区域的左上角位置，按住鼠标左键不放，向右下角拖动覆盖整个需要的热点区域范围后释放鼠标，完成矩形热点区域的创建，如图 4-20 所示。

◇ 圆形热点工具 ○：用于绘制圆形热点区域，其使用方法与矩形热点工具的使用方法相同，图 4-21 所示为创建的圆形热点区域。

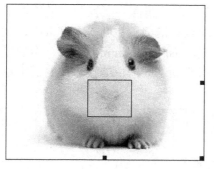

图 4-20　创建矩形热点

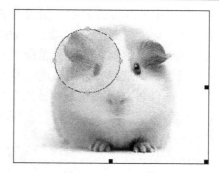

图 4-21　创建圆形热点

◇ 多边形热点工具 ▽：用于绘制不规则的热点区域。选择该工具后，将鼠标光标定位到选中图像上要绘制的区域的某一个位置处单击，然后将鼠标光标定位到另一位置后再单击，重复确定热点区域的各个关键点，最后回到第一个关键点上单击，以形成一个封闭的区域，完成多边形热点区域的绘制，图 4-22 为绘制的多边形热点区域。

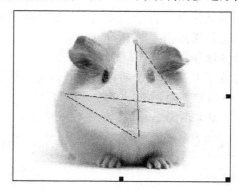

图 4-22　创建多边形热点

4.3.3　创建锚点链接

有时候网页很长，为了找到其中的目标，不得不上下拖动滚动条将整个文档内容浏览一遍，这样就浪费了很多时间。利用锚点链接可以精确地控制访问者在单击超链接之后到达的位置，使访问者能够快速浏览到指定的位置。

锚点链接的创建分为创建锚点和创建链接两部分。具体操作步骤如下：

(1) 打开网页文档，将光标置于要插入锚点的位置，然后选择"插入"—"命名锚记"，在打开的"命名锚记"对话框中输入锚记名称后单击"确定"按钮即可，如图 4-23 所示。

创建锚记后，将在锚记位置显示一个标记，如图 4-24 所示。

图 4-23　"命名锚记"对话框

图 4-24　创建的锚记

（2）选中作为链接的文本、图像或其他网页元素，在"属性"面板的"链接"下拉列表框中输入"#"及锚点名称，如"#m01"。如果源端点与锚记不在同一个网页中，则应先写上网页的路径及名称，再加上前缀"#"和锚记名称，如"info.html# m01"，然后在"目标"下拉列表框中选择打开网页的方式，如图 4-25 所示。完成锚记链接后在网页中单击链接的源端点，即可立即跳转到相应的命名锚点处。

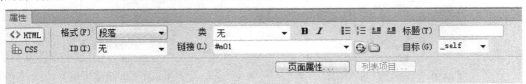

图 4-25　设置链接到锚记的超级链接

4.3.4　创建电子邮件链接

电子邮件链接可让浏览者启动电子邮件客户端，向指定邮箱发送邮件。当用户在浏览器上单击指向邮件地址的超级链接时，将会打开默认的邮件管理器的新邮件窗口，其中会提示用户输入信息并将该信息传送给指定的 E-mail 地址。

创建电子邮件链接的具体操作步骤如下：

打开网页文档，将光标置于要插入电子邮件链接的位置，选择"插入"—"电子邮件链接"命令，打开"电子邮件链接"对话框，在对话框的"文本"框中输入"联系我"，在"电子邮件"文本框中输入"abc@163.com"，如图 4-26 所示。

图 4-26　"电子邮件链接"对话框

当用户单击电子邮件链接时，将打开电脑中的默认邮件客户端，在其客户端窗口中，将自动填写收件人为链接中指定的地址。

4.4　插入多媒体元素

多媒体元素是一种重要的网页元素，在 Dreamweaver 中使用多媒体元素能让网页看起来更动感、更鲜活。Dreamweaver 不仅与 Flash 之间有较强的兼容性，而且在 Dreamweaver 中也可以直接插入 Flash 文件。因此，Flash 被广泛应用于网页中。

4.4.1　插入 Flash 动画

Flash 文件主要有 FLA、SWF、SWT 和 FLV 等几种格式，常用于网页中的是 SWF 格式。

插入 Flash 动画的具体操作步骤如下：

(1) 打开网页文档，将鼠标光标定位到需插入 Flash 动画的位置，选择"插入"—"多媒体"—"SWF"命令，打开"选择 SWF"对话框。

(2) 在"查找范围"下拉列表框中选择 Flash 动画文件所在的位置，然后选中所需的 Flash 动画文件，如图 4-27 所示。

图 4-27　"选择 SWF"对话框

(3) 单击"确定"按钮，在打开的"对象标签辅助功能属性"对话框中直接单击"确定"按钮，如图 4-28 所示，完成 Flash 动画的插入。

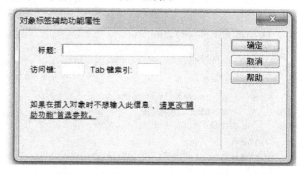

图 4-28　"对象标签辅助功能属性"对话框

(4) 单击选中插入的 Flash 动画，再单击其"属性"面板右下角的展开按钮展开更多的属性选项，如图 4-29 所示。

图 4-29　属性

(5) 在"属性"面板中单击"播放"按钮,可在编辑窗口中播放插入的 Flash 动画。单击停止按钮可停止播放动画。保存文档后预览,可查看动画播放效果,如图 4-30 所示。

图 4-30 查看 Flash 动画效果

4.4.2 插入 Flash 视频

Flash 视频是扩展名为.flv 的 Flash 文件。在网页中插入 Flash 视频的操作同插入 Flash 动画的方法类似,插入 Flash 视频后还可以通过设置控制按钮来控制视频的播放。

在网页中插入 Flash 视频的步骤如下:

(1) 将光标置于要插入 Flash 视频的位置,选择"插入"—"媒体"—"FLV"命令,打开"插入 FLV"对话框,如图 4-31 所示。

图 4-31 "插入 FLV"对话框

(2) 在"视频类型"下拉列表框中选择视频的类型,这里保持默认值。在"URL"文本框中输入 Flash 视频文件的路径及名称,或者单击"浏览"按钮,在打开的"FLV"对话框中选择视频文件。

(3) 在"外观"下拉列表框中选择视频播放器的外观界面，选择"halo skin 2(最小宽度：180)"选项。

(4) 在"宽度"和"高度"文本框中输入视频画面的宽度和高度，选中"自动播放"复选框将在网页加载后立即自动播放 Flash 视频。

(5) 完成 Flash 视频参数设置后单击"确定"按钮，插入 FLV。

(6) 按"F12"键保存网页并在浏览器中预览即可。

4.4.3　利用插件插入背景音乐

在网页中插入声音文件可使浏览者获得更加愉悦和轻松感受。声音文件的格式常见的有 mp3、wma、wav、midi、ram、ra 等，可以根据不同的需求选择不同格式的声音文件添加到网页中。

将声音插入到网页中有多种方式，下面介绍在网页中如何利用插件插入背景音乐，步骤如下：

(1) 新建一个网页，将鼠标光标定位到需要嵌入音乐的位置，选择"插入"—"媒体"—"插件"命令，打开"选择文件"对话框。

(2) 在该对话框中选择并双击需要嵌入的音乐文件，单击"确定"按钮，完成音乐文件的嵌入，如图 4-32 所示。

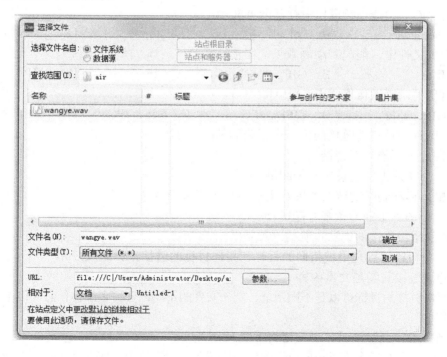

图 4-32　"选择文件"对话框

(3) 保持插入音乐图标的选中状态，在"属性"面板中设置插件的"宽"和"高"分别为"300"和"80"，保存网页并在浏览器中预览，效果如图 4-33 所示。

图 4-33　播放效果

本 章 小 结

　　本章讲述了网页制作工具 Dreamweaver 的基础知识、基本操作，介绍了 Dreamweaver 的工作界面、菜单栏、属性面板、插入栏、面板组、自定义界面等；讲解了 Dreamweaver 模板的创建、管理、使用，以及 Dreamweaver 库的创建、管理、使用。

思 考 与 练 习

一、选择题

1. 下列(　　)是在新窗口中打开网页文档。

A. _self　　　　　　　　B. _blank　　　　　　　　C. _top　　　　　　　　D. _parent

2. 网页文件中，能起到动画效果的图形格式是(　　)。

A. JPEG　　　　　　　　B. GIF　　　　　　　　C. TIF　　　　　　　　D. BMP

3. 常用的网页图像格式有(　　)和(　　)。

A. GIF，TIFF　　　　　　B. TIFF，JPG　　　　　　C. GIF，JPG　　　　　D. TIFF，PNG

4. 在图片中设置超链接的说法中正确的是(　　)。

A. 图片上不能设置超链接

B. 一个图片上只能设置一个超链接

C. 鼠标移动到带超链接的图片上仍然显示箭头形状

D. 一个图片上能设置多个超链接

5. 关于超级链接的说法正确的一项是(　　)。

A. 一个超级链接是由被指向的目标和指向目标的链接指针组成

B. 超级链接只能是文本内容

C. 超级链接的目标可以是不同网址、同一文件的不同部分、多媒体信息，但不能是应用程序

D. 当单击超级链接时，浏览器将下载 Web 地址

6. 在网页中要插入在 Flash 制作软件中完成的 Flash 动画，应在"插入栏"的"常用"选项卡中点击(　　)按钮进行操作。

A. 媒体　　　　　　　　B. 表格　　　　　　　　C. 图像　　　　　　　　D. 超级链接

7. 执行插入声音文件后在文档中会出现声音文件占位符图标，单击该图标会(　　)。

A．打开要播放的声音文件　　　　　　　B．打开"属性检查器"对话框

C．直接播放该声音文件　　　　　　　　D．以上都不对

8．Shockwave 是一种经压缩的格式，其扩展名为(　　)。

A．.dcr　　　　　　　B．.wav　　　　　　　C．.wma　　　　　　　D．.mp3

9．创建图像热点链接要利用(　　)将一个图像划分为多个热点作为链接点。

A．自带的图形切割工具　　　　　　　　B．Flash 中的热点工具

C．自带的热点工具　　　　　　　　　　D．Fireworks 中的热点工具

二、上机操作题

利用本章所学的知识制作一个简单的图文混排网页，要求网页中有文字、图片、超级链接、动画、背景音乐等基本元素。

第5章　HTML5 入门

- 了解 HTML5 的基础概念及发展历程。
- 理解 HTML5 的基本语法、文档基本结构。
- 掌握 HTML5 的文本控制标签、列表标签、超链接标签、图像标签等。

　　HTML(Hyper Text Markup Language，超文本标记语言)是网页前端制作常用的标记语言。HTML5 是 HTML 的最新标准，它是跨平台的，可被设计为在不同类型的硬件(PC、平板、手机、电视机等)之上运行。HTML5 从根本上改变了开发商开发 Web 应用的方式。作为一个前端制作者，我们应顺应时代潮流，掌握 HTML5 的基础技术。本章将详细讲解HTML5 语法的新特性、HTML5 的基本结构和语法、常用标签等。

5.1　HTML 简介

　　HTML 是通过使用标记来描述文档的结构和表现形式，由浏览器阅读网页后对网页后台代码(也称源码)进行逐行解析，然后把解析结果在网页上进行显示组合。所谓超文本，是指除文本外，还可以加入图片、声音、动画、影视等内容。HTML 是构成网页的基础，打开所有网页都离不开 HTML，所以学习 HTML 是学习网页制作、网站建设的基础。

1. HTML 的定义

　　HTML 是用来制作网页的标记语言，不需要编译，直接由浏览器解析执行。HTML 文件是一个文本字符文件，包含有 HTML 元素、标签、属性、属性值等。HTML 文件必须使用 html 或 htm 为文件名后缀。 HTML 是大小写不敏感的,HTML 与 html 都是一样的。

2. HTML 的特点

　　HTML 具有新的语义元素，比如<header>、<footer>、<article>、<section>；新的表单控件，比如数字、日期、时间、日历和滑块；强大的图像支持；强大的多媒体支持；强大的新 API，比如用本地存储取代 cookie；将旧版本中的部分元素删除，如<acronym>、<applet>、<center>、<frame>等。

3. HTML 和 CSS 的关系

　　学习 Web 前端开发基础技术需要掌握 HTML、CSS、JavaScript 语言。

(1) HTML 是网页内容的载体。内容就是网页制作者放在页面上想要让用户浏览的信息，可以包含文字、图片、视频等。

(2) CSS 样式是网页内容的表现(外观控制)，就像网页的外衣。比如，标题字体、颜色变化，或为标题加入背景图片、边框等。所有这些用来改变内容外观的东西称之为表现。

(3) JavaScript 用来实现网页上的特效效果。如：鼠标滑过弹出下拉菜单，或鼠标滑过表格，背景颜色改变，还有焦点新闻(新闻图片)的轮换。可以这么理解，有动画、有交互的一般都是用 JavaScript 来实现的。

4．HTML 文件的后缀名

HTML 文件的后缀名有.htm 和.html 两种形式，出现两种后缀的原因是过去的软件只支持 3 个字母的后缀，所以.html 的文件只能写成.htm，这是长久以来形成的习惯。当然现在不存在软件不支持的情况，使用哪种后缀可依据个人喜好而定。初学者可以通过修改记事本后缀名的方式，编写简单的 HTML 文件。

🔊 **注意**：如果想让计算机显示出后缀名，则应进行如下具体操作：

(1) 如果是 Windows7 系统，双击打开桌面上的"计算机"；如果是 XP 系统，双击打开桌面上的"我的电脑"。

(2) 点击菜单的"工具"按钮，打开"文件夹选项"，如图 5-1 所示。

(3) 在弹出的"文件夹选项"中，点击查看按钮，取消"隐藏已知的文件类型的扩展名"选项，如图 5-2 所示。

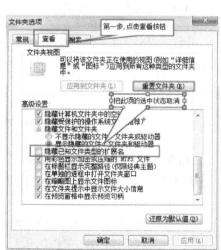

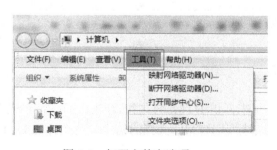

图 5-1　打开文件夹选项　　　　　　　图 5-2　显示文件后缀名

5．制作第一个 HTML

打开 Windows 的记事本,复制并粘贴以下代码。

```
1    <html>
2    <head>
3        <title>网页标题</title>
4    </head>
```

```
5      <body>
6          <p>第一个 HTML 文件</p>
7      </body>
8      <html>
```

点击记事本菜单的"文件"按钮，打开"另存为"对话框，填写文件名为"First.html"，如图 5-3 所示，点击"保存"按钮。

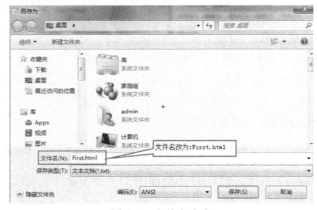

图 5-3　文件名命名

双击打开这个 HTML 文件，显示结果如图 5-4 所示。

图 5-4　结果图

6. 超文本标记语言的标签结构

超文本标记语言的标签主要有以下几种：

1）<html></html>

<html>标签用于 HTML 文档的最前边，用来标识 HTML 文档的开始。而</html>标签恰恰相反，它放在 HTML 文档的最后边，用来标识 HTML 文档的结束。两个标签必须一起使用。

2）<head></head>

<head>和</head>构成 HTML 文档的开头部分，在此标签对之间可以使用<title></title>、<script></script>等标签对，这些标签对都是描述 HTML 文档相关信息的标签对。<head></head>标签对之间的内容是不会在浏览器的框内显示出来的。两个标签必须一起使用。

3）<title></title>

浏览器窗口最上边蓝色部分显示的文本信息为网页的"主题"，要将网页的主题显示到浏览器的顶部其实很简单，只要在<title></title>标签对之间加入要显示的文本即可。

　　🔊 **注意**：<title></title>标签对只能放在<head></head>标签对之间。

4) <body></body>

<body></body>是 HTML 文档的主体部分，在此标签对之间可包含 <p></p>、<h1></h1>、
、<hr>等众多的标签，它们所定义的文本、图像等将会在浏览器的框内显示出来。两个标签必须一起使用。

5.2　HTML 开发工具

浏览器(Browser)是用于浏览网站的程序。关于浏览器有很多可供选择，最常见的浏览器当属微软(Microsoft)公司的 Internet Explorer(IE)，其他的一些浏览器包括 Chrome(谷歌)、Firefox(火狐)等。这些浏览器的基本功能都是浏览网页，因此具体使用哪个浏览器依用户的使用习惯而定。

　　🔊 **注意**：搜狗浏览器、360 浏览器使用的是 IE 和谷歌浏览器的内核，只是重新做了

界面，增加了一些功能，实际上还是 IE 或谷歌浏览器。

编写 HTML 文档的工具有很多，如 Notepad++、EditPlus 等文本编辑器，或一些专业的 HTML 网页制作工具 Dreamweaver。可以从一个简易的文本编辑器开始，如果你正在使用 Windows(微软视窗)操作系统的话，可以使用它自带的记事本(Notepad++)程序，依次点击菜单"开始—程序—附件"找到记事本

说明：Dreamweaver 网页制作工具功能强大，带语法下拉菜单提示,在实际开发中可以节约开发时间。但是，学习 HTML 最好使用记事本或 EditPlus 这种简单的文本编辑器,把 HTML 代码完整地打出来，这样有利于代码的记忆。

5.3　HTML 标签

HTML 是由各种各样的标签组成的，学习 HTML 就是学习使用这些标签。我们将在下一节开始详细介绍 HTML 标签的使用，本节主要讨论 HTML 结构。

1. HTML 文档结构

(1) <html>标签，称为根标签，所有的网页标签都在<html></html>中。

(2) <head>标签，代表 HTML 文档的头信息，以<head>开始，</head>结束。它是所有头部元素的容器。头部元素有<title>、<script>、<style>、<link>、<meta>等标签，头部标签在后面的课程会有详细介绍。

(3) <body>标签，在<body>和</body>标签之间的内容代表 HTML 文档的主体，包括如<h1>、<p>、<a>、<img>等网页内容标签。

<body>标签中的内容直接在网页的内容区显示，<head>标签的内容不显示在网页内容

区。图 5-5 所示的 HTML 代码的运行结果在浏览器中的显示如图 5-6 所示。

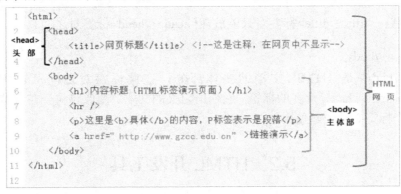

图 5-5　HTML 文档结构

图 5-6　运行结果

HTML 标签是 HTML 文档的基本元素，它一般是成对出现的，即由开始标签和对应的结束标签构成。如<p></p>、<body></body>、<head></head>等，但有些是特殊的单标签，如
、<hr />等。HTML 语言是弱类型语言，标签不区分大小写。<P>和<p>显示结果是相同的，不过标准推荐使用小写。

标签是 HTML 中最基本的单位，也是最重要的组成部分。下面简要概括一下标签的特征。

- HTML 标签由开始标签和结束标签组成。
- 某些 HTML 元素没有结束标签，比如　
。
- 标签是无关大小写的，<body>跟<BODY>表示意思是一样的，标准推荐使用小写。
- 所有的标签之间都可以嵌套。例：<head> <title>标签嵌套演示</title></head>。

2. 常用 HTML 标签表

常用 HTML 标签表如表 5-1 所示。

表 5-1　常用 HTML 标签表

标　签	定　义	标　签	定　义
html	定义 html 文档	body	定义文档体 body
head	定义文档头信息	title	定义文档的标题 title
a	html 链接标签	img	html 图像标签 img
div	html 层 div	table	定义 html 表格 table
tr	定义表格行	td	定义表格列 td
form	html 表单标签	input	定义表单的输入域 input

5.4　HTML 元素及属性

使用 HTML 制作网页时，有时需要让 HTML 标签提供更多的信息，例如，希望标题文本的字体为"微软雅黑"并且居中显示，段落文本中的某些名词显示为其他颜色加以突出等。仅仅依靠 HTML 标签的默认显示样式已经不能满足需求了，这时可以通过为 HTML 标签设置属性的方式来实现。HTML 的元素属性提供了对 HTML 元素的描述和控制信息，借助于元素属性，HTML 网页才会展现丰富多彩且格式美观的内容。HTML 标签设置属性的基本语法格式如下：

<标签 属性1="属性值1" 属性2="属性值2" ..>内容</标签>

在上面的语法中，标签可以拥有多个属性，属性必须写在开始标签中，位于标签名后面。属性之间不分先后顺序，标签名与属性、属性与属性之间均以空格分开。任何标签的属性都有默认值，省略该属性则取默认值。例如：

<h1 align="center">标题文本</h1>

其中，align 为属性名，center 为属性值，表示标题文本居中对齐，对于标题标签还可以设置文本左对齐或右对齐，对应的属性值分别为 left 和 right。如果省略 align 属性，标题文本则按默认值左对齐显示，也就是说<h1></h1>等价于<hl align="left"><hl>。

对于超链接标签<a>，有链接属性 href 用于标明链接地址，如图 5-7 所示。

图 5-7　链接属性 href

设置<p>元素中文字内容的颜色为红色，字号为 30 像素。如图 5-8 所示，在<p>元素名称的尖括号内添加了"style="color:#ff0000;font-size:30px""内容，浏览器就会按照设定的效果来显示内容。

图 5-8　设置段落字体颜色

类似"style="color:#ff0000;font-size:30px""这样的内容就是 HTML 元素的属性。HTML 元素的属性放置在元素的起始标签内,属性分为属性名称和属性值。上面案例中 style 为属性名称(style 为样式 CSS 属性名称),属性值为"color:#ff0000;font-size:30px"。

1. <HTML>标签

HTML 文档就是 HTML 页面,也就是网页,是由 HTML 元素组成的。互联网的所有内容都是由一个个 HTML 文档体现的,如图 5-9 所示。

图 5-9　演示页面

图 5-9 中大边框内的是 body 主体,<body>与</body>之间的文本是可见的页面内容;小边框是网页标题,是<head>标签中<title>标签中的内容。

整个网页就是 HTML 文档。Web 浏览器的作用是读取 HTML 文档,并以网页的形式显示出它们。浏览器不会显示 HTML 标签,而是使用标签来解释页面的内容。

2. HTML 注释

在实际开发中需要对一些代码段做 HTML 注释,这样做的好处很多,比如:方便查找、比对,以及使其他人了解和学习你的代码,而且可以方便以后进行修改等。

HTML 注释的语法格式如下:

<!—这里写注释内容 -->

注释是开始括号之后(左边的括号)需要紧跟一个叹号,结束括号之前(右边的括号)不需要。

HTML 注释示例如图 5-10 所示。

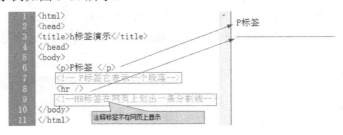

图 5-10　HTML 注释

3. 字的字体(Font)和颜色(Color)

定义文字字体和颜色使用 font 标签对,其语法格式如下:

<font>……</font>

它的属性有:face(字体)、color(颜色)等。

示例如图 5-11 所示。

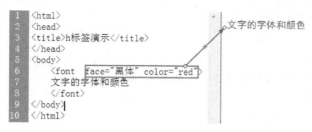

图 5-11　定义字体和颜色

4．文章标题(h 标签)

在浏览网页时最先关注的是文章的标题,它的字体一般很大很突出。通常一级标题使用<h1></h1>标签。h 标签分为 6 种，分别是 <h1> ~<h6>，字体从大到小。

文章标题的示例如下：

```
1    <html>
2    <head>
3        <title>h 标签演示</title>
4    </head>
5    <body>
6        <h1>我是 h1 标签</h1>
7        <h2>我是 h2 标签</h2>
8        <h3>我是 h3 标签</h3>
9        <h4>我是 h4 标签</h4>
10       <h5>我是 h5 标签</h5>
11       <h6>我是 h6 标签</h6>
12   </body>
13   <html>
```

运行结果如图 5-12 所示。

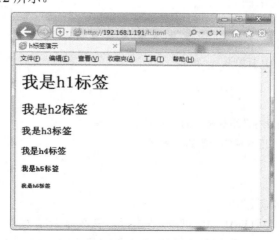

图 5-12　标题示例

5. 标题字的对齐属性(align)

标题字的对齐属性(align)的示例如下：

```
1    <html>
2    <head>
3        <title>标题字的对齐属性(align)</title>
4    </head>
5    <body>
6        < h2  align  =  "left">左对齐< / h2 >
7        < h2  align  =  "center">居中对齐< / h2 >
8        < h2  align  =  "right">右对齐< / h2 >
9    </body>
10   </html>
```

运行结果如图 5-13 所示。

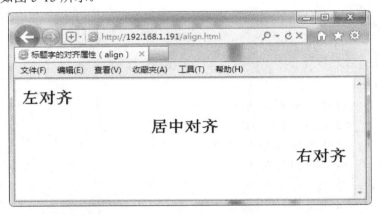

图 5-13　文字对齐结果图

6. 字体加粗(b 标签)

字体加粗(b 标签)的示例如下：

```
1    <html>
2    <head>
3        <title>B 标签演示</title>
4    </head>
5    <body>
6        这是没有使用 b 标签的正常字体
7        <b>使用 b 标签加粗的字体</b>
8    </body>
9    <html>
```

运行结果如图 5-14 所示。

可能你会有个疑问，HTML 代码明明是 2 行，怎么显示结果是一行。这是因为 HTML 代码中的换行、空格、tab 缩进等是不会在浏览器中显示的，如图 5-15 所示。

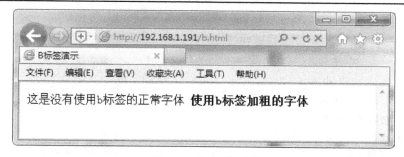

图 5-14　加粗结果图

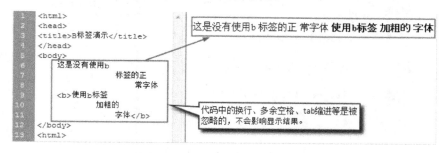

图 5-15　换行、空格、tab 缩进不显示

那么在 HTML 如何实现换行？只需要在源码中加上一个换行
标签，如图 5-16 所示。

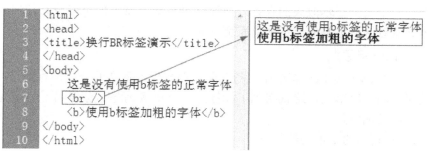

图 5-16　换行
标签的使用

7. 斜体标记(或称标签)<i>、<em>、<cite>

斜体标记<i>、<em>、<cite>的基本语法如下：

　　　<i> ......</i>

　　　<em> ......</em>

　　　<cite> ......</cite>

斜体标记<i>、<em>、<cite>的示例如下：

```
1          <html>
2          <head>
3              <title>斜体标记 i，em，cite 标签</title>
4          </head>
5          <body>
```

6	<i>斜体标记 i 演示</i>
7	<em>斜体标记 em 演示</em>
8	<cite>斜体标记 cite 演示</cite>
9	</body>
10	</html>

运行结果如图 5-17 所示。

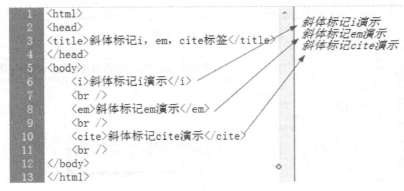

图 5-17　斜体效果

说明：有一些标签，用来指出包含的文本有特殊的意义，比如<abbr>(表示缩写)，<em>(表示强调)，<strong>(表示更强的强调)，<cite>(表示引用)，<address>(表示地址)等。这些标签不是为了定义显示效果而存在，所以从浏览器里看它们可能没有任何效果，也可能不同的浏览器对这些标签的显示效果完全不同。

8. 段落标记(p 标签)

浏览器解析 HTML 文档会忽略空白符，所以要想保证正常的分段换行的话，必须指出哪些文字是属于同一段落的，这就用到了标签<p>。<p>是标签式段落标记，浏览器会自动地在段落的前后添加空行。

段落标记(p 标签)的基本语法如下：

    <p> ......</p>

段落标记(p 标签)的示例如下：

1	<html>
2	<head>
3	<title>P 标签示例</title>
4	</head>
5	<body>
6	<p>这是第一个段</p>
7	<p>这是第二个段</p>
8	</body>
9	</html>

显示结果如图 5-18 所示。

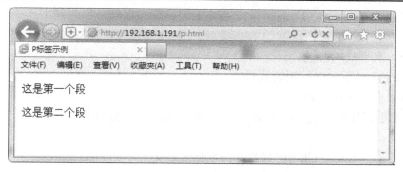

图 5-18　段落标记

9. 换行标签

只表示换行，不表示段落的开始或结束，所以通常没有结束标签。其具体示例如下：

```
1          <html>
2          <head>
3              <title>BR 标签示例</title>
4          </head>
5          <body>
6              这是第一段<br />
7              这是第二段
8          </body>
9          </html>
```

显示结果如图 5-19 所示。

图 5-19　换行标签结果

从 p 标签和
标签在浏览器中显示的结果可以看出，使用<p></p>标签换行上下文有间距(浏览器会自动地在段落的前后添加空行)，而
标签换行是软换行，上下文没有间距。

关于
标签的使用，你可能会发现有的网页
没有/符号，浏览器也能正常显示。那么
 和
的区别是什么呢？

HTML 升级版也就是 HTML5 标准规定，不允许使用没有结束标签(闭合标签)的 HTML元素。虽然现在
在所有浏览器中的显示都没有问题，但标准推荐使用有闭合标签的
。

10. 水平线标记(hr)

<hr />标签用于在 HTML 页面中创建水平线，<hr>元素可用于分隔内容。它的属性有：

- width：水平线的宽度；
- size：水平线的高度；
- color：水平线的颜色；
- noshade：水平线去掉阴影属性；
- align：水平线对齐属性。

前面已经简单用过 hr 标签，这次为其添加上属性，示例如下：

```
1    <html>
2        <head> <title>HR 标签演示</title></head>
3    <body>
4        <h1>带属性值的 HR 标签演示</h1>
5        <hr width=70% size=3 color="green" alingn="center" >
6    </body>
7    </html>
```

显示结果如图 5-20 所示。

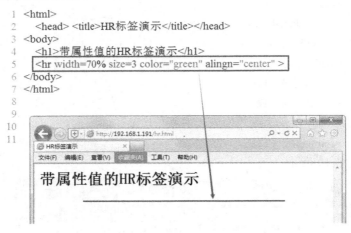

图 5-20　水平线标签

11. 输入特殊符号

特殊符号的基本语法如下：

 ；&quot；&amp

例如我们想在网页显示多个空格，可是在源代码中无论你敲多少空格，实际的显示页面只能显示一个，如图 5-21 所示。

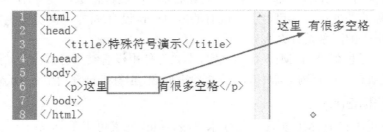

图 5-21　源代码中的多个空格不显示

显示的结果并没有达到我们预期的效果。同样的，若想在网页上显示和 HTML 代码有冲突的符号如大于号(>)或小于号(<)等，该如何操作? HTML 语言专门为显示这些特殊的符号设定了标签，常用的 HTML 特殊符号对应代码如表 5-2 所示。

表 5-2　特殊符号对应代码

符　　号	对 应 代 码	显 示 结 果
空格		
小于	&lt;	<
大于	&gt;	>
&符号	&amp;	&
双引号	&quot;	"
版权	&copy;	©
商标	&reg;	®
乘号	&times;	×
除号	&divide;	÷

12. 插入图片

网页中常用的图片格式有：JPEG、GIF、PNG 等。HTML 中插入图片使用<img>标签。插入图片的基本语法如下：

　　　　<img　src="图片路径" width=宽度　height=高度>

语法解释：宽度和高度的单位都是像素，<img>是插入图片的 HTML 标签，src 是描述图片路径的属性，它的值表示图片的路径。插入图片的示例及显示结果如图 5-22 所示。

```
1  <html>
2  <head>
3    <title>网页图片</title>
4  </head>
5  <body>
6    <img src="images/gzcc-logo.gif" width="580px" height="155px">
7  </body>
8  <html>
9
```

图 5-22　图片标签

这里的图片路径表示 logo.gif 图片和 html 文件不在同一目录下，网页图片有很多的情况，建议把所有的图片放在图像专有子文件夹中，如 images 中，这样较为整洁。那么上面的路径应改为<img src="images/gzcc-logo.jpg"/>，关于路径问题，在后面"相对路径与绝对路径"课程中会详细讲到。

<img>标签除了 src 属性外还包括以下属性：
- alt：设定图像的提示文字属性；
- width、height：设定图像的宽度和高度；
- border：设定图片的边框；
- align：设定图像的排列属性。

13. 设定图片的提示文字(alt)

通过<img>标签的 alt 属性的设定可以使得鼠标放在网页的图片上弹出一行提示性的文字。设定图片的提示文字(alt)的语法如下：

```
<img  src="图片路径" alt="提示文字">
```

img 标签的 alt 属性的示例及显示结果如图 5-23 所示。

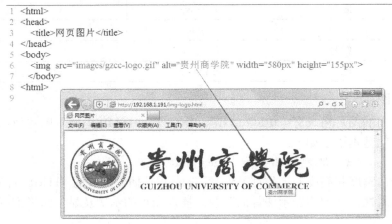

图 5-23　图片的提示文字

14. 设定图片的边框(border)

设定图片的边框　(border)的基本语法如下：

```
<img　src="图片路径" border=边框宽度>
```

设定图片的边框(border)属性的示例及显示结果如图 5-24 所示。

图 5-24　图片边框

15．HTML 链接(Link)

超链接是从一个页面指向另一个目的端的链接。超链接可以使用<a>标签定义,其链接文档的地址在属性 href 中指定。链接分为内部链接和外部链接。内部链接是链接指向站点文件夹之内的文件(例：<a href = "html / index.php">),外部链接是链接指向站点文件夹之外的文件(例：target index.php)。<a>标签又叫作锚标签，用来建立一个指向其他文档的链接。锚可以连接到网络上任一文档，即一个 HTML 页面、一张图片、一个音频或者视频文件等。

其语法格式如下：

        <a href="URL">链接文字</a>

URL 是需要链接文档的地址，<a>开始标签和</a>结束标签包围的文本是作为超链接显示的文本。

<a>标签的属性包括：

- href：链接地址；
- target：指定链接的目标窗口 ；
- name：给链接命名；
- title：给链接提示文字。

图片的超链接就是在图片上建立链接，和文字的链接相同，点击有超链接的图片或文字后就会跳到对应的目标地址上。图片的超链接与文字的相同都是<a>标签。

图片的超链接的基本语法如下：

        <a href="目标地址"><img src="图片路径" /> </a>

图片超链接的示例及显示结果如图 5-25 所示。

```
1  <html>
2  <head>
3    <title>网页图片</title>
4  </head>
5  <body>
6    <a href="http://www.gzcc.edu.cn"> <img  src="images/gzcc-logo.gif"  width="580px" height="155px" ></a>
7  </body>
8  <html>
9
```

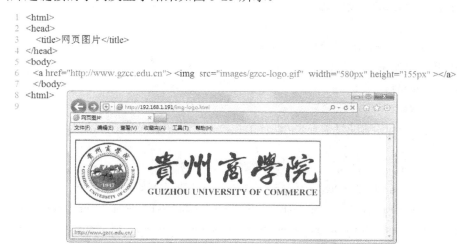

图 5-25　图片超链接

16．设定链接的目标窗口(target 属性)

设定链接的目标窗口(target 属性)的基本语法如下：

        <a href ="文件名"   target ="属性值"> 链接文字</a>

target 属性用来定义被链接的文档在何处显示(是在新的窗口打开，还是在原有的窗口打开)。被链接文档默认是在原有的窗口中打开的，如果将 target 属性设为"_blank"，则文档

会在新窗口打开。例如：

```
1    <a href = "www.gzcc.edu.cn" target = "_blank">贵州商学院</a>
```

target 属性的值及含义：

- _parent ：在上一级窗口中打开；
- _blank：在新窗口中打开；
- _self：在同一窗口中打开(默认)；
- _top：在浏览器的整个窗口中打开，忽略任何框架。

在实际应用中，target 属性值最常用的是_blank。但是现在主流浏览器是使用选项卡打开方式，并且可以在选项中设定链接的打开方式。因此 target 属性实际应用中并无突出的作用。

17. 书签链接(name 属性)

书签链接的使用方式如下：

1) 建立书签

建立书签的基本语法如下：

```
<a   name="name" >文字</a>
```

例如：

```
1    <a name = "head">文章的开始</a>
```

2) 建立指向该锚点的链接

建立指向该锚点的链接的基本语法如下：

```
<a href="#书签名">文字</a>
```

例如：

```
1    <a href = "#start">文章的开始</a>
```

完整代码示例如下：

```
1    <html>
2    <head>
3        <title>锚点链接演示</title>
4    </head>
5    <body>
6        <a   href = "#title1">转到《静夜思》标题所在行</a>
7    <br /><br /><br /><br /><br /><br /><br /><br /><br /><br /><br /><br />
8    <br /><br /><br /><br /><br /><br /><br /><br /><br /><br /><br /><br />
9    <br /><br />
10       <a  name="title1">《静夜思》</a>
11       <br />
12       床前明月光，<br />
13       疑似地上霜。<br />
14       举头望明月，<br />
15       低头思故乡。
```

```
16        </body>
17        </html>
```

3) 链接到其他页面中的书签

链接到其他页面中的书签的基本语法如下：

```
<a href = "文件名#书签名">文字</a>
```

例如：

```
1       <a   href = "http://baike.baidu.com/view/383720.htm#发展历史">HTML 发展历史</a>
```

18. 文件下载链接

文件下载链接的基本语法如下：

```
<a href= "file_url">链接文字</a>
```

"file_url"表示文件所在的路径，有两种表示方式：

(1) 网站内部的相对路径，用"路径/完整文件名(主文件名.后缀名)"表示。

(2) 用互联网上的绝对路径 http://网站域名/目录/完整文件名表示。例如：

```
1       <a href="http://softdown/图片素材.rar">文件下载演示</a>
```

19. E-mail 链接

E-mail 链接实际制作中使用的频率很低，读者只需了解其基本用法即可。

E-mail 链接的基本语法如下：

```
<a href =  "mailto:/电子邮件地址" >链接文字</a>
```

例如：

```
1       <a href="mailto://admin@gzcc.edu.cn>"联系管理员</a>
2       <!--解析：发送邮件给 admin@gzcc.edu.cn-->
```

20. 空链接

空链接是指指向链接后，鼠标变成手形，单击后无任何链接效果仍停留在当前页面。空链接是在网页前端开发布局时添加的，临时加的空链接，主要是为了能让鼠标动作引发行为结果。

空链接的基本语法如下：

```
<a href = " # ">链接文字</a>
```

其中"#"表示空链接。

例如：

```
1       <a href="#">空链接演示</a>
```

5.5　HTML 绝对路径和相对路径

在实际 Web 开发中，插入图片、包含 CSS 文件等都需要使用路径，如果文件路径添加错误，就会导致引用失效，无法浏览链接文件，或无法显示插入的图片等。相对路径与绝对路径区别用法如下：

1．HTML 相对路径

HTML 相对路径是指由这个文件所在的路径引起的与其他文件(或文件夹)的路径关系。

例如：文件 index.html 存放在 D 盘 www 目录下，它的绝对路径是：d:/www/index.html；文件 aboutus.html 存放在 D 盘 www 目录下，它的绝对路径是：d:/www/aboutus.htm；那么 index.html 相对于 aboutus.html 的路径就是：当前目录下的 index.html 文件。在超链接中写为：<a href = "index.html">返回首页</a>。

也就是说，相对路径不加绝对盘符号或者网络上的完整路径，如：http://www.gzcc.edu.cn/index.html，相对位置写清楚相对于文档的目录路径即可。

2．相对路径的使用方法

相对路径的使用方法如下：

(1) 如果链接到同一目录下，则只需输入要链接文档的名称，例如：

  <a href = "1 htm">网页链接 </a>

  <img src = "bg.jpg" />

(2) 如果链接到下一级目录，则需要先输入目录名，然后加 " / "，再输入文件名,例如：

  <a href = "html/ next.htm">

  <img src = "images/bg.jpg" />

(3) 如果链接到上一级目录，则需要先输入"../"，然后再输入目录名、文件名；../也称为父路径。

例如：

  <a href = "../ www/index.htm">

3．HTML 绝对路径

网页文件或者图形、声音、视频等元素在本地或者网络中的完整路径包括适用的协议或盘符。也就是网页文件在 HTTP 协议下的 URL 路径或者是硬盘上网页完整的路径。例如：

  http://www.gzcc.edu.cn/index.htm

  d:/ www /html/images/logo.jpg

一般来说，网站内的文件引用和链接使用相对地址，网站外的文件引用和链接使用绝对地址。

5.6　HTML5 基础

1．HTML5 的概述

HTML 标准自 1999 年 12 月发布 HTML4.01 后，后继的 HTML5 和其他标准被束之高阁。为了推动 Web 标准化运动的发展，一些公司联合起来，成立了一个叫作 Web Hypertext Application Technology Working Group (Web 超文本应用技术工作组，WHATWG) 的组织。WHATWG 致力于 Web 表单和应用程序，而 W3C(World Wide Web Consortium，万维网联盟)专注于 XHTML2.0。在 2006 年，双方决定进行合作，来创建一个新版本的 HTML。

HTML5(见图 5-26)是 HTML 下一个主要的修订版本，其目标是取代 1999 年所制定的 HTML 4.01 和 XHTML 1.0 标准，以期能在互联网应用迅速发展的时候，使网络标准达到符合当代的网络需求的目的。广义论及 HTML5 时，实际指的是包括 HTML、CSS 和 JavaScript 在内的一套技术组合。

HTML5 希望能够减少浏览器对于需要插件的丰富性网络应用服务(Plug-in-based Rich Internet Application，RIA)，如 Adobe Flash、Microsoft Silverlight，Oracle JavaFX 的需求，并且提供更多能有效增强网络应用的标准集。

图 5-26　HTML5

2. HTML5 的特性

HTML5 的特性如下：

(1) 除了原先的 DOM 接口，HTML5 增加了更多样化的 API，如实时二维绘图。

(2) 增加了 Canvas API，即有关动态产出与渲染图形、图表、图像和动画的 API。例如：定时媒体播放 HTML5 音频与视频。HTML5 里新增的元素，为开发者提供了一套通用的、集成的、脚本式的处理音频与视频的 API，而无须安装任何插件。

(3) 配有离线存储数据库(离线网络应用程序)。

(4) 增加了 Communication APIs，它是构建实时和跨源(cross-origin)通信的两大基础：跨文档通信(Cross Document Messaging)与 XMLHttpRequest Level 2。

(5) 增加了浏览历史管理。

(6) 增加了 MIME 和协议处理程序时表头登记。

(7) 增加了微数据。

(8) 增加了 Web SQL Database，一个本地的 SQL 数据库。

(9) 增加了索引数据库 API(Indexed Database API)，以前称为 WebSimpleDB。

(10) 增加了文件 API、目录和文件系统。文件 API：处理文件上传和操纵文件；目录和文件系统：为了满足客户端在没有好的数据库支持情况下的存储要求。

(11) 增加了文件写入，即从网络应用程序向文件里写内容。

3. HTML5 的优缺点

HTML5 的优点主要有以下三点：

· 跨平台。HTML5 的多数核心代码不用重写，包括移动应用、移动网站、PC 网站、各种浏览器插件，甚至可以用 WebKit 封装作为跨平台的应用程序，减少开发者工作量，特别对于后期的维护非常方便。

· 支持视频和音频。之前的 HTML 版本需要让视频和音频通过 HTML5 标签来访问资源，且为了能正确播放，开发者必须设置很多参数。HTML5 影片播放、图形呈现等功能内建于浏览器内，不需要 Plug-in 就能执行。

· 具备离线缓存功能。HTML5 中最酷的特性就是离线缓存。通过 JavaScript 提供了数种不同的离线储存功能，相对于传统的 Cookie 而言有更好的弹性以及架构，并且可以储存更多的内容。它拥有更好的安全和性能，即使浏览器关闭后也可以保存。

HTML5 的缺点主要体现在其兼容性方面，其很多特性各个浏览器的支持程度不一样。

截至目前而言，主流的网页浏览器 Firefox5、Chrome 12 和 Safari 5 都已经支持了许多的 HTML5 标准，而且目前最新版的 IE 也支持了许多 HTML5 标准。兼容性问题会随着时间的推移而越来越少。但对于不得不照顾低版本用户的网站，网上也已有大量的相关解决方案。

4．HTML5 的目标和开发方式

HTML5 的目标：Web 技术将成为移动设备上的开发平台，只是目前该技术可能尚未成熟。

基于 HTML5 的开发方式有两种：一种是混合式开发，另一种是移动网页应用。以上两种开发都需要强大的具有 HTML 渲染的浏览器。混合式开发的具体介绍如下：

(1) 目前主流的都是混合式开发，所以对团队、技术人员的要求比较高，需要掌握多种不同的技术(Java、Objective-C、HTML5、JavaScript、CSS/CSS3)。

(2) 混合应用是一种需要下载，且部分或者所有用户界面植入了浏览器元素的应用程序。对用户来说，混合应用与原生应用并无二致——它们都需要通过应用商店渠道下载，都可以保存在手机里，运行方式与原生应用并无差别。但对开发者来说，这其中的差异却不容忽视，因为这意味着他们无须针对各个手机操作系统重新编写应用，而是可以选择用 HTML、CSS 和 JavaScript 编写其中一部分代码，并在多个平台上运行应用程序。

(3) 混合应用的 HTML 页面可通过网络服务器传送，但这一点并非必备条件。如果要提高运行性能，混合应用还可以植入一个包含其所需的网页资源(例如 HTML、JavaScript、CSS 和图像)的副本，以便用户快速访问内容，而不必等待网络服务器将内容传送过来。

从商业角度来看，尽早采用 HTML5 技术是最明智的做法。有些行业巨头已经将 HTML 当作唯一可行的跨平台开发技术。传说中的 Facebook 项目"Project Spartan"(有人称它是一个基于 HTML5 的网页应用商店)，以及微软宣布开发者将可使用 HTML5、JavaScript 为 Windows 8 编写应用程序等消息，这更增加了 HTML5 获胜的筹码，甚至有人认为现在的开发商面临的并非"是否"，而是"何时"采纳 HTML5 与技术的问题。

但在混合应用领域，PhoneGap 库等开源框架却可以让 JavaScript 代码访问手机的罗盘、照相等功能成为可能，甚至可以搜索或创建联系人列表、约会安排等其他多种网页应用无法接入的手机功能。

移动网页应用的具体介绍如下：

(1) 移动中断必须在联网状态下。

(2) 使用浏览器运行时，用户不需要下载安装。

(3) 用户需要等待网络服务器将内容传送到手机才可以使用。

5.7　HTML5 与 HTML4 比较

1．语法的改变

1) HTML5 中标记方法的改变

· 内容类型不变。

HTML 的文件扩展符不变，仍为.htm 或.html，内容类型仍为"text/html"

· DOCTYPE 声明变化。

在声明时，HTML4 需要指明具体是 HTML 的版本，而 HTML5 不需要，只使用 <!DOCTYPE　HTML >即可。

· 指定字符编码变化。

在 HTML4 中，指定字符编码的格式为：<meta http-equiv="content-type" content = "text/html; charset="UTF-8">。

在 HTML5 中，指定字符编码的格式为：<meta charset = "UTF-8">(推荐使用 UTF-8)。

2) HTML5 与之前版本的兼容性

HTML5 的兼容性体现在以下三个方面：

· 可以省略元素的标记。

不允许使用结束标记的元素有：area、base、br、col、command、embed、hr、img、input、keygen、link、meta、param、sourse、track、wbr。

可以省略结束标记的元素有：li、dt、dd、p、rt、rp、optgroup、option、colgroup、thread、tbody、tfoot、tr、td、th。

可以省略全部标记的元素有：html、head、body、colgroup、tbody。

· 具有 boolean 值的属性调整。

不指定属性值、属性名设定为属性值、字符串为空时，表示属性值为 true；不写该属性，表示属性值为 false。参考代码示例如下：

```
<!—只写属性不写属性值代表属性为 true—>
<input type = "checkbox"   checked>
<!—属性值= 属性名，代表属性为 true—>
<input type = "checkbox"   checked = "checked">
<!—属性值= 空，代表属性为 true—>
<input type = "checkbox"   checked = " ">
<!—不写该属性，代表属性为 false—>
<input type = "checkbox"   >
```

· 可省略指定属性时的引号。

当属性值不包括空字符串、"<"、">"、"="、单引号、双引号等字符时，属性的两边的符号可以省略。参考代码示例如下：

```
<input type = text>
```

3) 标记示例

标记示例代码如下：

```
1    <!DOCTYPE HTML>
2    <meta charset = "UTF-8">
3    <title>HTML5 标记示例</title>
4    <p>这段代码是 HTML5
5    <br>语法编写的
```

可以看到，省略掉的全部标记有<html>、<head>、<body>，省略掉的结束标记有</p>。

2. HTML5 中新增的元素和废除的元素

1) 与结构相关的元素

(1) section 元素：表示页面中的一个内容区块，比如章节、页眉、页脚或页面中的其他部分。它与 h1、h2 等元素结合起来使用标示文档结构。标签使用如下：

  `<section>…</section>`

(2) article 元素：表示页面中的一块与上下文不相关的独立内容，比如博客的一篇文章。标签使用如下：

  `<article>…</article>`

(3) aside 元素：表示 article 元素之外与 article 元素内容相关的辅助信息。标签使用如下：

  `<aside>…</aside>`

(4) header 元素：表示页面中的一个内容区块或整个页面的标题。标签使用如下：

  `<header>…</header>`

(5) hgroup 元素：用于对整个页面或页面中的一个内容区块的标题进行组合。标签使用如下：

  `<hgroup>…</hgroup>`

(6) footer 元素：表示整个页面或页面中的一个内容区块的标注。标签使用如下：

  `<footer>…</footer>`

(7) nav 元素：表示页面中导航的链接部分。标签使用如下：

  `<nav>…</nav>`

(8) figure 元素：表示一段独立的内容，一般表示文档主题流内容中的一个独立单元。可使用 figcaption 元素为 figure 添加标题。标签使用如下：

```
1    <figure>
2    <figcaption>PRC</figcaption>
3    <p>Hello World!</p>
4    </figure>
```

2) 新增的其他元素

(1) video 元素。

video 元素在 HTML5 中的代码示例如下：

  `<video src = "movie.ogg"   controls = "controls">video 元素</video>`

在 HTML4 中的代码示例如下：

```
<object type ="video/ogg"   data = "movie.ogv">
    <param name = "src"   value ="movie.ogv">
</object>
```

(2) audio 元素。

audio 元素用来定义音频。audio 元素在 HTML5 中的代码示例如下：

  `<audio src = "someaudio.wav">audio 元素</audio>`

在 HTML4 中的代码示例如下：

```
<object type = "application/ogg" data = "someaudio.wav">
    <param name = "src"    value = "someaudio.wav">
</object>
```

(3) embed 元素。

embed 元素用于插入各种多媒体。embed 元素在 HTML5 中的代码示例如下：

```
<embed src = "horse.wav"/>
```

在 HTML4 中的代码示例如下：

```
<object data = "flash.swf" type = "application/x-shockwave-flash">
</object>
```

(4) mark 元素。

mark 元素主要用来在视觉上向用户呈现那些需要突出显示或高亮显示的文字。mark 元素的一个比较典型的应用就是在搜索结果中向用户高亮显示搜索的关键词。mark 元素在 HTML5 中的代码示例如下：

```
<mark>…</mark>
```

在 HTML4 中需要使用 span 元素代码示例如下：

```
<span>…</span>
```

(5) progress 元素。

progress 元素表示在运行中的进程，可以使用 progress 元素来显示 JavaScript 中耗费时间函数的进程。progress 元素在 HTML5 中的代码示例如下：

```
<mark>…</mark>
```

在 HTML4 中需要使用 span 元素代码示例如下：

```
<span>…</span>
```

(6) meter 元素。

meter 元素仅用于已知最大值和最小值的度量。使用时，必须定义度量的范围，它既可以在元素的文本中也可以在 min/max 属性中定义。meter 元素 HTML5 中的代码示例如下：

```
<meter>…</meter>
```

(7) time 元素。

time 元素表示时间或日期，也可以同时表示两者。time 元素在 HTML5 中的代码示例如下：

```
<time>…</time>
```

(8) ruby 元素。

ruby 元素表示 ruby 注释(中文注音或字符)。

(9) rt 元素。

rt 元素表示字符的发音或解释。

(10) rp 元素。

rp 元素在 ruby 注释中使用，以定义不支持 ruby 元素的浏览器显示内容。

3) 全局属性

使用 contentEditable 属性，当列表元素被加上 contentEditable 元素之后，该元素变成可编辑。

　　属性示例如下：

```
<!DOCTYPE HTML>
<head>
<meta charset = "UTF-8">
<title>contentEditable 属性示例</title>
</head>
<h2>可编辑列表</h2>
<ul contentEditable = "true">
<li>列表元素 1</li>
<li>列表元素 2</li>
<li>列表元素 3</li>
</ul>
```

本 章 小 结

　　本章首先介绍了 HTML 的基础知识、结构，在此基础上引入了 HTML5，讲述了 HTML 和 HTML5 的区别，以及 HTML5 的基础元素属性及开发工具；之后，以网页中的不同内容类型为视角，介绍了网页文本、图像、多媒体等的设置与嵌入；同时，还介绍了绝对路径、相对路径的概念与区别。通过本章学习，学生需要掌握在网页中通过基本标签布局网页以及用标签属性设置元素的方式。

思考与练习

　　1. 简要总结 HTML 与 HTML5 的区别。
　　2. 简要阐述绝对路径和相对路径的概念。
　　3. 实战练习：请运用表格元素布局一个简单的登录页面。

第 6 章　HTML5 进阶与 CSS

- 了解 CSS 的基础概念及规则。
- 认识 CSS 元素选择器、id 选择器、类选择器、属性选择器。
- 掌握 CSS 常用样式设置。
- 掌握如何运用盒子模型与 CSS 进行网页布局。

　　CSS(Cascading Style Sheets, 层叠样式表)是一种用来表现 HTML 或 XML 等文件样式的计算机语言。CSS 不仅可以静态地修饰网页，还可以配合各种脚本语言动态地对网页元素进行格式化。本章将详细介绍如何在之前学习的 HTML 文本中插入 CSS，如何运用 CSS "装饰"网页中的元素，如何结合盒子模型和 CSS 布局网页。

6.1　认识 CSS

6.1.1　CSS 简介

　　根据网页的外观需求，我们时常需要对 HTML 中的元素进行装饰。比如，对段落中文字的位置进行设置，可以通过<p>标签自带的 align 属性来完成，如图 6-1 所示。

```
1    <html>
2    <body>
3      <p align="center">居中文本</p>
4      <p align="center">居中文本</p>
5      <p align="center">居中文本</p>
6    </body>
7    </html>
```

图 6-1　文本居中

当需要左对齐时，要逐条修改。除了运用 HTML 自带的属性设置对齐方式外，更优的选择是使用 CSS 来设置。例如：

```
1   <html>
2   <head>
3   <style>
4   p{
5     text-align:center;
6     }
7   </style>
8   </head>
9   <body>
10    <p>居中文本</p>
11    <p>居中文本</p>
12    <p>居中文本</p>
13   </body>
14  </html>
```

以上代码与上一段代码的显示结果是一样的，其将样式设置任务交由<head>中的<style>标签来完成。在<style>标签内，p{text-align:center;}对所有 p 元素的文本对齐方式进行了设置。这是引用 CSS 来完成样式设置的一种方式。在后面还将学习其他引用 CSS 设置样式的方式。在这种情况下，对文本对齐方式进行修改，只需修改 HTML 头部的 text-align 属性值，就可对该 HTML 文本中的所有<p>标签进行修改。

层叠样式表是一种标记语言，属于浏览器解释型语言，可直接由浏览器执行，不需要编译，是一种定义 HTML 样式结构(如字体、颜色、背景、位置等)的语言，是用于描述网页上的信息格式化的一种方式。CSS 简化了网页的格式代码，外部的样式表会被浏览器保存在缓存里，加快了下载显示的速度，也减少了需要上传的代码数量，因为重复设置的格式将被只保存一次。

网站建设通常包含多个网页，当需要统一修改网页的某个样式时，在没有引用 CSS 的情况下，前端工作者就需要逐个修改网页，工作量很大且重复。在设置了 CSS 的情况下，只要修改保存着网页格式的 CSS 样式表文件就可以改变整个站点的风格特色，在修改页面数量庞大的站点时显得格外有用且高效。

6.1.2 CSS 基础规则

在用 HTML 布局网页时需要遵循一定的规则，CSS 设置网页样式时同样需要遵循相应的规范。CSS 的具体格式如下：

selector {declaration1; declaration2; ... declarationN }

选择器　　声明

其中，每一句声明应该包含：

属性　属性值

　　在上述规范中，selector 选择器用于指定需要改变样式的 HTML 标签；大括号中可包含多条声明；声明用于设置样式，由属性和属性值组成。属性是指对指定的标签设置的样式属性，如字体大小、颜色等，属性及其值之间用英文冒号隔开。每完成一条声明用分号结束。如要设置 HTML 的段落字体、字体颜色及主体部分的背景颜色，其代码如下：

```
1          <html>
2          <head>
3          <style type="text/css">
4          body{
5          background-color:yellow;
6          }
7          p{
8          font-family: "Times New Roman";
9          color:red;
10         }
11         </style>
12         </head>
13         <body>
14            <p>文本</p>
15            <p>文本</p>
16            <p>文本</p>
17         </body>
18         </html>
```

结果显示如图 6-2 所示。

图 6-2　效果图

在编写 CSS 样式时，还需要注意以下几点：

(1) CSS 样式中的选择器严格区分大小写，而声明不区分大小写，按照书写习惯一般选择器、声明都采用小写的方式。

(2) 多个属性声明之间必须用英文状态下的分号隔开，最后一个属性声明后的分号可以省略，但是为了便于增加新属性样式最好保留。

(3) 如果属性的属性值由多个单词组成且中间包含空格，则必须为这个属性值加上英文状态下的引号。例如对字体进行设置，字体名为多个单词组成，则应为

　　　　　p{font-family: "Times New Roman"}

(4) 在编写 CSS 代码时，为了提高代码的可读性，可使用"/*注释语句*/"来进行注释。

(5) 在 CSS 代码中空格是不被解析的，花括号以及分号前后的空格可有可无。因此可以使用空格键等对样式代码进行排版方便阅读，即所谓的格式化 CSS 代码。需要注意的是，属性值和单位之间是不允许出现空格的,否则浏览器解析时会出错。

6.1.3　CSS 的嵌入

CSS 样式可以直接存储于 HTML 网页或者单独的样式单文件中。直接存储在 HTML 文本中的 CSS 样式单，可以将所有样式说明放在 HTML 头部，也可以将样式声明直接写在要修饰的元素标签内。外部使用时，样式单规则被放置在一个带有文件扩展名为.css 的外部样式单文档中，再在 HTML 头部通过指定 CSS 文件路径引用已定义好的样式。这三种方式分别称为：外部样式表、内部样式表、内联样式。

1. 外部样式表

当样式需要应用于很多页面时，外部样式表将是理想的选择。在使用外部样式表的情况下，可以通过改变一个文件来改变整个站点的外观。每个页面使用<link>标签链接到样式表。标签在(文档的)头部的设置如下：

　　　　　<head> <link rel="stylesheet" type="text/css" href="mystyle.css"> </head>

<link>标签需指定 3 个属性，rel 用于定义当前文档与被链接文档之间的关系，在这里定义为 stylesheet，表示被链接的文档是一个样式表文件；type 属性用于定义所链接文档的类型，在这里为 text/css，表示链接的外部文件为 CSS 文件；href 属性则是定义所链接的 CSS 文档的路径，即外部样式表文件的 URL，可以是绝对路径也可以是相对路径。浏览器会从 href 属性指明的文件 mystyle.css 中读到样式声明，并根据它引用外部样式来格式化文档。外部样式表可以在任何文本编辑器中进行编辑。文件不能包含任何的 HTML 标签。样式表应该以扩展名.css 进行保存。样式表文件的编写方式与头部<style>标签内的格式一样：

```
1        body{
2        background-color:yellow;
3        }
4        p{
5          font-family:"Times New Roman";
6          color:red;
7        }
```

外部样式表的好处是同一个 CSS 样式可供多个 HTML 页面链接使用，同一个 HTML 页面也可引用多个 CSS 样式表。这种方式将 HTML 代码与 CSS 代码分离为不同的文件，实现了结构与样式完全分离，使得网页的前期制作及后期维护更加方便。

2. 内部样式表

当单个文档需要特殊的样式时，就应该使用内部样式表，可以使用<style>标签在文档头部定义内部样式表，就如最开始的实例。此时内部样式表的<style>标签一般位于<head>标签对以内、<title>标签之后，也可以把它放在文档的任何地方。但考虑到浏览器是从上到下解析代码的，把 CSS 样式表放在开头有利于提前下载和解析，从而可以避免网页内容已加载完成但没有样式修饰的情况。在内部样式表的<style>中需要设置 type="text/css"，这样浏览器才会知道<style>内部的代码为 CSS 代码。

内部样式表只对当前的页面有效，因此当只设计一个页面时，该方式比较适合。但是如果一个网站含有多个页面，则不建议运用这种方式。内部样式表只实现了结构与样式的不完全分离。

3. 内联样式

内联样式将 CSS 样式写入 HTML 标签中，在标签中添加 style 属性。任何 HTML 标签都拥有 style 属性，用来设置行内样式。这种方法是通过标签的 style 属性来控制样式的，这种做法并没有做到结构和样式的分离。由于要将 CSS 和内容混杂在一起，内联样式会损失掉样式表的许多优势。使用该方法多为该样式仅需要在一个元素上应用一次的情形，请慎用这种方法。

如以下通过内联样式设置该 p 元素的文字为黄色，字体为 Times New Roman，代码如下：

```
<p style="color:yellow; font-family:'Times New Roman';">这是一个段落。</p>
```

6.1.4　CSS 的层叠与继承

1. CSS 层叠样式

6.1.3 节介绍了不同类型的 CSS 样式表引用方式，在某些情况下，如果某些网页元素属性同时被不同的样式表中的相同选择器定义，那么属性值将从更具体的样式表中被继承过来，这是 CSS 的层叠性。层叠性和继承性是 CSS 的基本属性。CSS 中的"层叠(Cascading)"表示样式单规则应用于 HTML 文档元素的方式。具体地说，CSS 样式单中的样式形成一个层次结构，更具体的样式覆盖通用样式。样式规则的优先级由 CSS 根据这个层次结构决定，从而实现级联效果。

例如，外部样式表 test.css 拥有针对 h3 选择器的三个属性，具体代码如下：

```
1    h3 {
2    color:red;
3    text-align:left;
4    font-size:8pt;
5    }
```

而内部样式表拥有针对 h3 选择器的两个属性，具体代码如下：

```
1      <html>
2      <head>
3      <style type="text/css">
4      h3
5      {
6      text-align:right;
7      font-size:20pt;
8      }
9      </style>
10     </head>
11     <body>
12     ……
13     </body>
14     </html>
```

假如拥有内部样式表的 HTML 页面同时与外部样式表连接，即以下代码，那么 h3 样式应该是怎样的呢？

```
1      <html>
2      <head>
3      <link href="test.css" type="text/css" rel="stylesheet"/>
4      <style type="text/css">
5      h3
6      {
7      text-align:right;
8      font-size:20pt;
9      }
10     </style>
11     </head>
12     <body>
13     ……
14     </body>
15     </html>
```

根据 CSS 的层叠性，h3 的样式为：color:red; text-align:right;font-size:20pt; 即颜色属性将继承外部样式表，而文字排列(Text-alignment)和字体尺寸(Font-size)会被更具体的内部样式表中的规则所取代。

一般而言，所有的样式会根据下面的规则层叠于一个新的虚拟样式表中，其中越往下拥有的优先权越高，即

- 浏览器缺省设置；
- 外部样式表；
- 内部样式表(位于 <head> 标签内部)；

- 内联样式(在 HTML 元素内部)。

因此，内联样式(在 HTML 元素内部)拥有最高的优先权，这意味着它将优先于以下的样式声明：<head> 标签中的样式声明，外部样式表中的样式声明，或者浏览器中的样式声明(缺省值)。如果使用了外部文件的样式，在内部样式中也定义了该样式，则内部样式表会取代外部文件的样式。

2. CSS 的继承性

继承性是指书写 CSS 样式表时，子标签会继承父标签的某些样式，如文本颜色和字号。如果定义主体标签<body>的文本颜色为黑色，且<body>内标签没有设置文本颜色的情况下，页面中所有的文本都将显示为黑色。这是因为其他标签都嵌套在<body>标签中，是<body>标签的子标签。继承性非常有用，可以不必在标签的每个后代上添加相同的样式。如果设置的属性是可继承的属性，只需将它应用于父标签即可。例如下面的代码定义以下所有元素的文字颜色为黑色：

   p, div, h1, h2, h3, h4, ul, ol, dl, li{color: black;}

根据继承性就可以写成

   Body{ color: black；}

恰当地使用继承可以简化代码，降低 CSS 样式的复杂性。但是，如果在网页中所有的标签都大量使用继承样式，那么判断样式的来源就会很困难，所以对于字体、文本属性等网页中通用样式可以选用继承。字体、字号、颜色等可以在<body>标签中统一设置，然后通过继承影响文档中所有文本。但并不是所有的 CSS 属性都可以继承，例如，下面的属性就不具有继承性：

- 边框属性，如 border、border-top、border-right、border-bottom 等。
- 外边距属性，如 margin、margin-top、margin-bottom、margin-left 等。
- 内边距属性，如 padding、padding-top，padding-right、padding-bottom 等。
- 背景属性，如 background、background-image、background-repeats 等。
- 定位属性，如 position、top、right 等。
- 元素宽高属性，如 width、height。

6.2　CSS 选择器

6.2.1　CSS 元素选择器

最常见的 CS 选择器是元素选择器，即文档的元素是最基本的选择器。如果设置 HTML 的样式，选择器通常将是某个 HTML 元素，比如 p、h1、em、a，甚至可以是 html 本身。比如：

```
1      <html>
2      <head>
3      <style type="text/css">
4      table{
```

```
5       text-align:center;
6       }
7       tr{
8       background-color:yellow;
9       font-size:20pt;
10      color:white;
11      }
12      </style>
13      </head>
14      <body>
15      <table>
16      <tr>
17      <td>学院</td>
18      <td>教研室</td>
19      </tr>
20      <tr>
21      <td>计信学院</td>
22      <td>电子商务</td>
23      </tr>
24      </table>
25      </body>
26      </html>
```

以上代码为内部样式表，在 HTML 的<head>标签中的样式设置是针对 HTML 中的<table>、<tr>标签元素的，<style>中的选择器就为元素选择器。显示结果如图 6-3 所示。

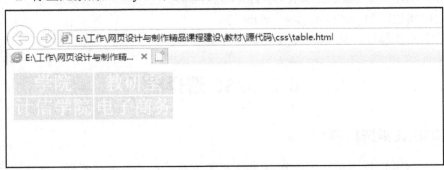

图 6-3　表格样式

在上述代码中，<tr>、<td>都为<table>标签的后代标签，<table>标签被样式表设置为文本对齐方式居中，样式表还对子元素<tr>的背景颜色、字体颜色、字体大小进行了设置。在某些情况下不希望选择任意的后代元素，而是希望缩小范围，只选择某个元素的子元素即这个元素的第二级元素，故使用子元素选择器(Child Selector)。例如：

```
1       <html>
```

2　　　　<head>

3　　　　<style type="text/css">

4　　　　strong{color：yellow;}

5　　　　h1 > strong {color:red;}

6　　　　</style>

7　　　　</head>

8　　　　<body>

9　　　　<h1>This is <strong>very</strong> <strong>very</strong> important.</h1>

10　　　<h1>This is <strong>really <strong>very</strong></strong> important.</h1>

11　　　</body>

12　　　</html>

运行结果如图 6-4 所示。

图 6-4　子元素选择器示例 1

在 CSS 中，第 4 行装饰了<strong>标签元素的文字颜色，即 HTML 中的所有<strong>标签元素字体都为"yellow"黄色；在第 5 行，CSS 通过"h1 > strong"设置的是<h1>标签下的二级子元素的字体颜色，也就是说通过第 5 行设置，<h1>标签下的第一级子元素文字颜色被修改为"red"红色。最终得到以上的结果。

提到子元素选择器就不得不再介绍后代元素选择器。后代元素选择器选择能指定的对象，只要是元素下面的元素，无论几级，都能选定修饰。其表达方式是在父元素后空格加后代元素的元素名或类名(类名将在下一节学习)。如上一个例子若要改为后代元素选择器，则应将第 5 行改为"h1 strong{……}"，结果是所有的<h1>元素下的<strong>字体都为"red"，如图 6-5 所示。

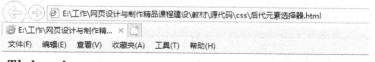

图 6-5　子元素选择器示例 2

6.2.2　CSS 类选择器

上一节学习了元素选择器，通过元素选择器，可以设置 HTML 当中所有相同元素的样式。但在实操中不难发现，网站页面的布局中，同一元素在网页中的不同区域，其样式是不同的。比如，在导航栏中的<p>标签与正文中的<p>标签内容样式肯定有所不同。面对这种情况，接下来引入类选择器与 id 选择器。

类选择器允许以一种独立于 HTML 文档元素的方式来指定样式。该选择器可以单独使用，也可以与其他元素结合使用。在使用类选择器之前，需要在 HTML 标签中写入 class 属性并为 class 属性制定属性值，以便类选择器正常工作。为了将类选择器的样式与元素关联，必须将 class 指定为一个适当的类型，然后在 CSS 样式表中指定修饰的类型，即可统一为该类型的所有元素设置样式。类选择器的最大优势是可以为标签对象定义单独或相同的样式。其基本语法格式为：

.类名{属性 1：属性值 1；属性 2：属性值 2；属性 3：属性值 3；}

下例就是类选择器的使用，显示结果如图 6-6 所示。

```
1        <html>
2        <head>
3        <style type="text/css">
4        .testbackground{
5        background-color:blue;
6        }
7        .font{
8        color:red;
9        font-size:25px;}
10       </style>
11       </head>
12       <body>
13       <p class="font">This is very very important.</p>
14       <p class="testbackground font">This is really very important.</p>
15       </body>
16       </html>
```

This is very very important.

This is really very important.

图 6-6   类选择器示例

上面的第 4 行代码，通过 ".testbackground" 为 class 名为 testbackground 的元素设置背景颜色为 "blue"。在第 7 行为属性取值为 "font" 的元素的字体进行相关设置。注意在 CSS 定义类样式时，需要在类型名前加英文句号。在第 13 行，<p>标签设置 class="font"，使得标签内的内容被 CSS 样式表装饰。同时，当需要用多个类选择器定义样式时，HTML 标签是可以使用多个类选择器的，方法是在为 class 赋值时，在前一个属性值后加空格再写下一个属性值。

6.2.3　CSS ID 选择器

ID 选择器在 CSS 中 id 名前使用 "#" 进行标识，HTML 为标签加 id 属性并为其赋值来使用 CSS 中 ID 选择器已经定义好的样式。HTML 中标签的 id 属性值必须是唯一的，即 ID 选择器定义的样式只能对应于文档中某一个具体的标签。这种情况多用在样式比较独特，而不是网页中的普遍样式。代码如下：

```
1      <html>
2      <head>
3      <style type="text/css">
4      #background{
5      background-color:blue;
6      }
7      #font{
8      color:red;
9      font-size:25px;}
10     </style>
11     </head>
12     <body>
13     <p id="font">This is very very important1.</p>
14     <p id="font">This is very very important2.</p>
15     <p id="background">This is really very important3.</p>
16     </body>
17     </html>
```

显示结果如图 6-7 所示。

图 6-7　ID 选择器示例

在代码第 13、14 行，<p>标签都引用了一个 id = "font"，这个"font"将字体设置为红色，其结果也都显示为红色。虽然浏览器正常显示，但这违背了标签的 id 值的唯一性，这样的做法是错误的。同时需要注意的是，在 HTML 标签中对 ID 选择器的引用是不可以像类选择器一样定义多个值的。

6.2.4　CSS 标签指定选择器

标签指定选择器指交集选择器，由 ID 选择器/类选择器和标签选择器两种选择器构成，用于定义这两种选择器交集内容的样式。代码如下：

```
1      <html>
2      <head>
3      <style type="text/css">
4      p#background{
5      background-color:blue;
6      }
7      p.font{
8      color:red;
9      font-size:25px;}
10     </style>
11     </head>
12     <body>
13     <p>This is very very important1.</p>
14     <h1 class="font">Heading</h1>
15     <p class="font">This is very very important2.</p>
16     <p id="background">This is really very important3.</p>
17     </body>
18     </html>
```

结果如图 6-8 所示。

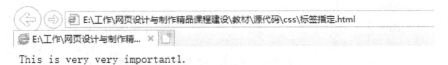

图 6-8　标签指定选择器示例

代码第 4 行将<p>标签和 id 名为 background 的标签内容的背景颜色设为"blue"；第 7 行将标签为<p>和 class 属性值为 font 的标签内容的字号设为 25px，字体颜色为红色。需要注意的是，在 CSS 标签指定样式定义中，标签名和 id/class 属性名之间不可以有空格。

6.3　CSS 的常用样式

6.3.1　CSS 图片与背景

网站制作中，网页背景是十分必要的，背景设置可通过 CSS 完成。CSS 允许应用纯色作为背景，也允许使用背景图像创建相当复杂的效果。当需要将纯色设置为背景时，可以使用 background-color 属性为元素设置背景色。这个属性接受任何合法的颜色值，其值可为颜色的英文单词，也可为 RGB 值。例如：

```
1    body{background-color：blue;}
```

以上代码将网页主体部分(通常包含了页面中所有的元素)的背景色设置为 blue。

要把图像放入背景，需要使用 background-image 属性。初始化的 background-image 属性值是 none，表示背景上没有放置任何图像。如果需要设置一个背景图像，必须为 background-image 设置一个 URL 值，例如：

```
1    body{background-image：url(1.jpg);}
```

背景图像设置结果如图 6-9 所示。

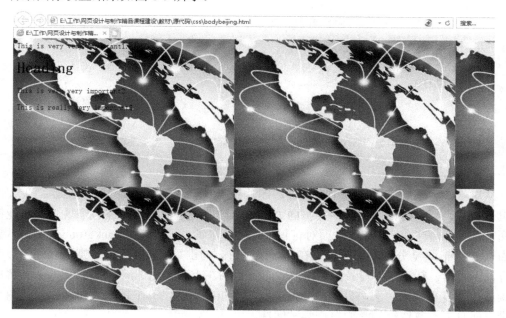

图 6-9　背景图像设置

同时页面中的其他元素也可以应用背景图像，如下面例子即为一个段落应用了一个背景，而不会对文档的其他部分应用背景，代码如下：

```
1    <html>
2    <head>
3    <style type="text/css">
```

```
4        p#background{
5        background-image:url(1.jpg);
6        }
7        p.font{
8        color:red;
9        font-size:25px;}
10       </style>
11       </head>
12       <body>
13       <p>This is very very important1.</p>
14       <h1 class="font">Heading</h1>
15       <p class="font">This is very very important2.</p>
16       <p id="background">This is really very important3.</p>
17       </body>
18       </html>
```

上述代码显示效果如图 6-10 所示，可以看到仅仅是段落运用了设置的背景。

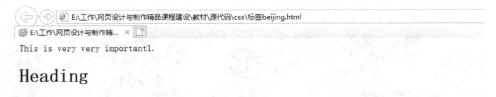

图 6-10　段落背景设置

从对<body>设置背景的例子中发现，图片是重复显现来铺满页面的。这是由于在制作网页过程中，经常遇到图片与网页页面大小不一致的现象，这导致图片需要重复才能铺满页面。为了解决这个问题，让页面对背景图像进行平铺，可以使用 background-repeat 属性。repeat-x 和 repeat-y 分别设置图像只在水平或垂直方向上重复，no-repeat 则不允许图像在任何方向上重复。默认地，背景图像将从一个元素的左上角开始铺满。通过 no-repeat 解决了背景图片重复平铺的问题，设置后会发现图片无重复但却没有平铺满页面，如何让图片平铺满页面且无重复留给同学们自己尝试解决。

图像背景的位置也是需要考虑的问题。背景定位可以利用 background-position 属性改变，为 background-position 属性提供值有很多方法。首先，可以使用一些关键字：top、bottom、left、right 和 center。一般而言，关键字成对出现，一个对应水平方向，一个对应垂直方向。如下例，background-position 设置为 bottom right，则图片位置为浏览器底部右侧。如果只出现一个关键字，则另一个关键字默认是 center。

```
1        <html>
```

```
2        <head>
3        <style type="text/css">
4        body{
5        background-image:url(1.jpg);
6        background-repeat:no-repeat;
7        background-position:bottom right;
8        }
9        </style>
10       </head>
11       <body>
12       <p>This is very very important1.</p>
13       </body>
14       </html>
```

显示结果如图 6-11 所示。

图 6-11　图像位置设置

如果网页文档比较长，那么当文档向下滚动时，背景图像也会随之滚动。当文档滚动到超过图像的位置时，图像就会消失。当需要固定图片不随鼠标滚轮滚动时，可以通过 background-attachment 属性实现。通过这个属性，可以声明图像相对于可视区是固定的 (fixed)，因此不会受到滚动的影响。background-attachment 属性的取值如表 6-1 所示。

表 6-1　background-attachment 取值

属性取值	说　明
scroll(默认值)	背景图像会随着页面其余部分的滚动而移动
fixed	当页面的其余部分滚动时，背景图像不会移动
inherit	规定应该从父元素继承 background-attachment 属性的设置

6.3.2　CSS 文本

1. 字体样式设置

CSS 字体属性可定义文本的字体、大小、加粗、风格(如斜体)和变形(如小型大写字母)。在 CSS 中，使用 font-family 属性定义文本的字体系列。若字体类型在 CSS 中设置为 body {font-family: "STKaiti"}，则<body>标签中没有设置的字体元素字体都为楷体。这是因为有继承，这种字体选择还将应用到 body 元素中包含的所有元素，除非有一种更特定的选择器将其覆盖。

在设置了字体后通常需要根据情况设置字体风格，可通过"font-style"属性来完成，该属性最常用于规定斜体文本。该属性有三个值：normal 文本正常显示；italic 文本斜体显示；oblique 文本倾斜显示。斜体(italic)是一种简单的字体风格，它通过对每个字母的结构进行一些小改动来反映变化的外观。与此不同，倾斜(oblique)文本则是正常竖直文本的一个倾斜版本。通常情况下，italic 和 oblique 文本在 web 浏览器中看上去完全一样。

在 CSS 中可通过"font-weight"属性，设置文本的粗细。若使用 bold 关键字则可以将文本设置为粗体。属性值100～900为字体指定了 9 级加粗度。如果一个字体内置了这些加粗级别，那么这些数字就直接映射到预定义的级别，100 对应最细的字体变形，900 对应最粗的字体变形。数字 400 等价于 normal，而 700 等价于 bold。

CSS 的"font-size"属性用来设置文本的大小，font-size 值可以是绝对或相对值。绝对值：将文本设置为指定的大小，通常属性值为像素值。相对值：相对于周围的元素来设大小，允许用户在浏览器改变文本大小，属性值通常为百分比。百分比指的是相对其父级的大小。如果没有规定字体大小，普通文本(比如段落)的默认大小是 16 像素。

2. 文本样式设置

在设置好了文字后，经常需要对文本格式进行设置，这也可以通过 CSS 完成。CSS 文本属性可定义文本的外观，通过文本属性，可以改变文本的颜色、字符间距，对齐文本，装饰文本，对文本进行缩进等。

1) 文本缩进

把 Web 页面上段落的第一行缩进是一种最常用的文本格式化效果。CSS 提供了 text-indent 属性，该属性可以方便地实现文本缩进。通过使用 text-indent 属性，所有元素的第一行都可以缩进一个给定的长度，甚至该长度可以是负值。这个属性最常见的用途是将段落的首行缩进，下面代码的效果会使所有段落的首行缩进 5 em。

```
1    <html>
2    <head>
3    <style type="text/css">
4    p{
5    text-indent:24px;
6    font-size:12px;
7    }
8    </style>
```

```
9        </head>
10       <body>
11       <p>学院现有全日制在校学生为 11,574 人，其中本科生 7,666 人，专科生 3,908 人。现有
         教师总数 670 人，其中：具有硕士及以上学位的教师占比为 63.88%，具有高级职称的教
         师占比为 40.00%，生师比为 19.26:1。学院设有 13 个教学单位，开设以经济学、管理学
12       为主体，主要涵盖经济学、管理学、工学、艺术学 4 大学科门类的 21 个本科专业。</p>
         <p>现有省级一流专业(培育)1 个，一流平台 2 项，一流师资团队 2 个，一流课程 4 门；
13       省重点支持学科 1 个；省哲学社会科学创新团队 1 个。</p>
14       </body>
15       </html>
```

结果如图 6-12 所示。

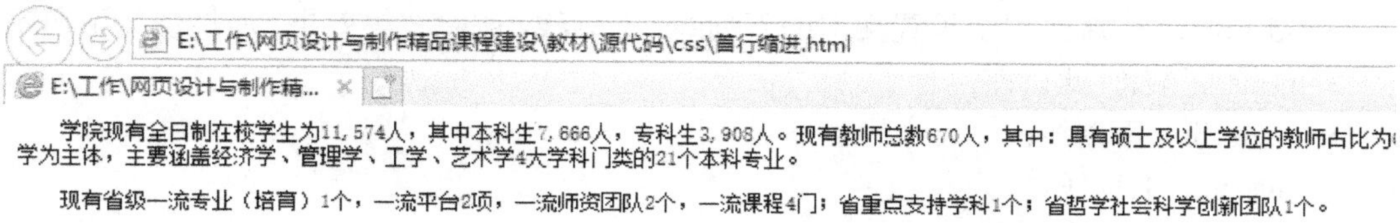

图 6-12　text-indent 属性应用

注意：text-indent 可为所有块级元素应用，但无法将该属性应用于行内元素，图像之类的元素上也无法应用 text-indent 属性。不过，如果一个块级元素(比如段落)的首行中有一个图像，它会随该行的其余文本移动。text-indent 还可以设置为负值。利用这种技术，可以实现很多有趣的效果。

不过在为 text-indent 设置负值时要当心，如果对一个段落设置了负值，那么首行的某些文本可能会超出浏览器窗口的左边界。为了避免出现这种显示问题，建议针对负缩进再设置一个外边距或一些内边距，来使整个段落与浏览器隔开一定的间距。

　　　　　　p {text-indent: -24px; padding-left: 24px;}

2) 文本对齐

除了首行缩进，通常还需要设置文本对齐方式，CSS 通过属性 text-align 来完成。text-align 是一个基本的属性，它会影响一个元素中的文本行相互之间的对齐方式。其属性值有

- left 表示文本左对齐 ；
- right 表示文本右对齐；
- center 表示文本水平居中对齐。

text-align 的默认值是 left，文本在左边界对齐，右边界呈锯齿状(称为"从左到右"文本)。除了通过 text-align:center 来设置文本元素居中，还可通过将内容置于<center>标签内来居中。但是这两种方式是有一定的区别的。<center>标签不仅影响文本，还会把整个元素居中。text-align 不会控制元素的对齐，而只影响内部内容。元素本身不会从一段移到另一端，只是其中的文本受影响。

　　text-align 除了以上三个属性值外还有属性值 justify。在两端对齐文本中，文本行的左右两端都放在父元素的内边界上。然后，调整单词和字母间的间隔，使各行的长度恰好相等。这也就是我们经常在文本排版当中用到的两端对齐。

　　3) 文字间隔

　　word-spacing 属性可以改变单词之间的标准间隔。其默认值 normal 与设置值为 0 是一样的。word-spacing 属性可接受一个正长度值或负长度值。如果提供一个正长度值，那么字之间的间隔就会增加。若为 word-spacing 设置一个负值，会把它们之间的距离拉近。单个字母、文字、字符间隔设置通过 letter-spacing 属性来完成。

　　与 word-spacing 属性一样，letter-spacing 属性的可取值包括所有长度。默认关键字是normal(这与 letter-spacing:0 相同)。输入的长度值会使字母之间的间隔增加或减少指定的量。

　　4) 文本装饰

　　text-decoration 属性用于设置文本的下划线、上划线、删除线等效果。属性值如下所示：
- none 无装饰(默认值)；
- underline 下划线；
- overline 上划线；
- line-through 删除线；

　　text-decoration 属性可以被赋予多个属性值来为文本设置多个显示效果。但是，如果对同一个标签元素有多个样式表选择器对其进行文本装饰，通常后出现的选择器会覆盖前面设置的文本样式。代码如下：

```
1    <html>
2    <head>
3    <style type="text/css">
4    p{
5    text-decoration:underline;
6    }
7    .sent1{
8    text-decoration:none;
9    }
10   .sent2{
11   text-decoration:overline line-through;
12   }
13   </style>
14   </head>
15   <body>
16   <p>学院现有全日制在校学生为 11,574 人，学院设有 13 个教学单位，</p>
17   <p class="sent1">开设以经济学、管理学为主体，主要涵盖经济学、管理学、工学、艺
18   术学 4 大学科门类的 21 个本科专业。</p>
19   <p class="sent2">现有省级一流专业(培育)1 个，一流平台 2 项，一流师资团队 2 个，一
```

```
20          流课程 4 门；省重点支持学科 1 个；省哲学社会科学创新团队 1 个。</p>
21          </body>
22          </html>
```

显示结果如图 6-13 所示。

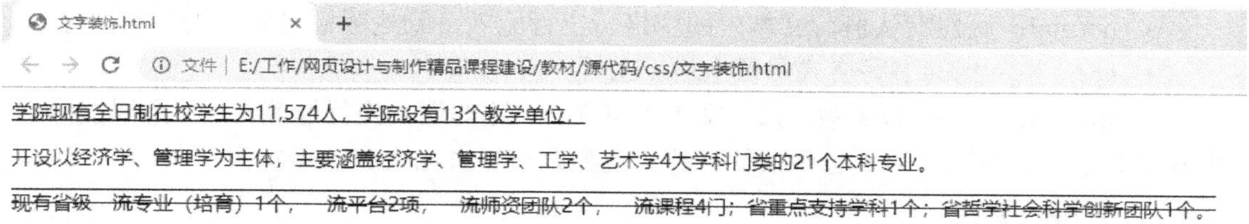

学院现有全日制在校学生为11,574人，学院设有13个教学单位，

开设以经济学、管理学为主体，主要涵盖经济学、管理学、工学、艺术学4大学科门类的21个本科专业。

现有省级一流专业（培育）1个，　一流平台2项，　一流师资团队2个，　一流课程4门；省重点支持学科1个；省哲学社会科学创新团队1个。

图 6-13　文本装饰

上述代码最开始 CSS 对所有段落<p>进行了样式设置，但在第 7 行、第 11 行新的样式表再次设置了文本装饰且在第 17 行、第 18 行、第 19 行和第 20 行被<p>标签引用，因此最开始第 4 行对<p>标签设置的样式被覆盖。同时为了对同一元素内容设置文本装饰，可在CSS 中为 text-decoration 属性赋予多个属性值，如第 11 行，属性值之间用空格隔开。

5）阴影效果

通过 text-shadow 属性可以设置文本的阴影效果，其属性值需要指定：水平阴影距离h-shadow、垂直阴影距离 v-shadow、模糊半径 blur，以及颜色 color。

代码举例：

```
1          <html>
2          <head>
3          <style type="text/css">
4          p{
5          text-shadow：10px 5px 10px yellow;
6          }
7          </style>
8          </head>
9          <body>
10         <p>学院现有全日制在校学生为 11,574 人，学院设有 13 个教学单位，</p>
11         </body>
12         </html>
```

显示结果如图 6-14 所示。

学院现有全日制在校学生为11,574人，学院设有13个教学单位

图 6-14　阴影效果

6) 空白符处理

网页制作中，在文本编辑器里的空格不论有多少，浏览器中都只会显示一个字符的空白。在 CSS 中，使用 white-space 属性可以对文档中的这些空白符提供不同的处理方式，其属性值如下：

- normal：属性默认值，文本中的空格、空行无效，到达区域边界后则自动换行。
- pre：按文档的书写格式保留空格、空行。
- nowrap：空格空行无效，强制文本不可换行，除非遇到换行标签。在整个属性值下，内容就算超出标签的边界页也不换行，超出边界则浏览页面会自动增加滚动条。

6.3.3　CSS 链接

CSS 可对<a>超链接标签设置链接的样式，能够设置链接样式的 CSS 属性有很多种，例如 color, font-family, background 等。超链接样式设置的特殊性在于能够根据它们所处的状态来设置它们的样式。超链接的四种状态如下：

- a:link 普通的、未被访问的链接；
- a:visited 用户已访问的链接；
- a:hover 鼠标指针位于链接的上方；
- a:active 链接被点击的时刻。

当为链接的不同状态设置样式时，需要依照一定的顺序。a:hover 必须位于 a:link 和 a:visited 之后，a:active 必须位于 a:hover 之后。CSS 不仅可以根据链接的状态改变颜色，还可以根据状态设置其文本装饰、规定链接的背景色。和前面学习的一样，文本装饰用 text-decoration 属性来实现，背景色通过 background-color 属性来实现。

代码如下：

```
1        <html>
2        <head>
3        <style type="text/css">
4        a:link{
5        font-size:16px;
6        color:green;
7        }
8        a:visited{
9        color:red;
10       }
11       a:hover{
12       font-size:20px;
13       }
14       </style>
15       </head>
16       <body>
17       <a href="#">学校概况</a>
```

18	<a href="#">学校背景</a>
19	<a href="#">学院分值</a>
20	</body>
21	</html>

从图 6-15 中可以看到，"学校概况"为已点击过，则颜色为红色。

图 6-15　链接样式设置 1

当鼠标经过某一链接时，则如图 6-16 所示，字体放大。

图 6-16　链接样式设置 2

6.3.4　CSS 表格

1. 表格边框

在 CSS 中使用 border 属性设置表格边框，border 属性的第一个值用来设置边框的粗细，用像素值来设置；第二个值设置边框的类型，如实线还是虚线；第三个值为边框的颜色。

2. 表格宽度和高度

通过 width 和 height 属性定义表格的宽度和高度。高度和宽度的赋值可以为百分比或具体的像素值，当为百分比时，则以其父级为参照，如父级为<body>，表格宽度 80%，则其宽度为<body>的 80%。

3. 表格文本对齐

text-align 和 vertical-align 属性用于设置表格中文本的对齐方式。text-align 属性用于设置水平对齐方式，比如左对齐、右对齐或者居中；vertical-align 属性用于设置垂直对齐方式，比如顶部对齐、底部对齐或居中对齐；

4. 表格内边距

如果需要控制表格中内容与边框的距离，则需要为 td 元素和 th 元素设置 padding 属性。

5. 表格颜色

CSS 可为表格设置边框颜色，通过之前提到的 border 属性，同时也可以为字体、背景设置颜色，即通过 color 属性、background-color 属性来实现。

下面将通过一个例子来演示表格的样式，代码如下：

| 1 | <html> |
| 2 | <head> |

```
3      <style type="text/css">
4      table{
5      width:100%;
6      height:80px;
7      border:4px dotted purple;
8      text-align:center;
9      vertical-align:center;
10     }
11     td{
12     border:1px solid yellow;
13     color:blue;
14     background-color:gray;
15     }
16     </style>
17     </head>
18     <body>
19      <table>
20       <caption>课程表</caption>
21       <tr>
22          <td colspan='2'>时间</td>
23          <td>一</td>
24          <td>二</td>
25          <td>三</td>
26          <td>四</td>
27          <td>五</td>
28       </tr>
29       <tr>
30          <td rowspan="2">上午</td>
31          <td>9:30-10:15</td>
32          <td>语文</td>
33          <td>语文</td>
34          <td>语文</td>
35          <td>语文</td>
36          <td>语文</td>
37       </tr>
38       <tr>
39          <td>10:25-11:10</td>
40          <td>语文</td>
41          <td>语文</td>
```

42	<td>语文</td>
43	<td>语文</td>
44	<td>语文</td>
45	</tr>
46	</table>
47	</body>
48	</html>

显示结果如图 6-17 所示。

图 6-17　表格样式设置

在本案例中，CSS 为整个表格设置了点状边框、文本对齐方式、表格宽度、高度，为每一个单元格设置了单元格边框、字体颜色、背景颜色。

6.4　DIV+CSS 网页布局

6.4.1　初识 DIV

1. DIV 概述

DIV 是 HTML 的一种网页元素，也是一种网页布局方式。DIV 的起始标签和结束标签之间的所有内容都用来构成 DIV 块。其中，所包含元素的样式由 DIV 标签的属性来控制或者使用样式表格来进行控制。

简单地说，DIV 用于搭建网站结构(框架)，CSS 用于创建网站表现(样式/美化)。实质就是使用 XHTML 对网站进行标准化重构，使用 CSS 将表现与内容分离，以此简化 HTML 页面代码，便于日后维护、协同工作和搜索引擎优化。

2. div 与 span 的区别

应用<div>元素后所包含的内容在格式上将发生变化。每一个<div>元素所包含的内容都将另起一行，浏览器将会为<div>元素分配一个独立区域，形成一个一个"块"，因此<div>也被称作"块级元素"。

应用<span>元素后所包含的内容，在格式显示上没有发生任何变化，不会因为插入<span>元素而产生换行或者其他排版效果。这样的显示效果称为"行内元素"。设计者可以在一段文本中插入任意多对<span>元素，然后将字体、颜色、背景、边框和边距等各种格式应用于<span>元素。除了这个区别，<span>和<div>在其他方面基本相同，它们都可以为其包含的内容添加各种样式。

3. DIV+CSS 布局优势

掌握基于 CSS 的页面布局方式，是实现 Web 标准的基础。在主页制作时采用 CSS 技术，可以有效地对页面的布局、字体、颜色、背景和其他效果实现更加精确的控制。只要对相应的代码做一些简单的修改，就可以改变网页的外观和格式。采用 CSS 布局有以下优点：

- 大大缩减页面代码，提高页面浏览速度，缩减带宽成本。
- 使得页面结构清晰，容易被搜索引擎搜索到。
- 缩短改版时间，只要简单地修改几个 CSS 文件就可以重新设计一个有成百上千页面的站点。
- 强大的字体控制和排版能力。
- CSS 非常容易编写，可以像写 HTML 代码一样轻松地编写 CSS。
- 提高易用性，使用 CSS 可以结构化 HTML，如<p>标记(或标签)只用来控制段落，<head>标记只用来控制标题，<table>标记只用来表现格式化的数据等。
- 表现和内容相分离，将设计部分分离出来放在一个独立样式文件中。
- 用只包含结构化内容的 HTML 代替嵌套的标记，搜索引擎将能够更有效地查找到内容。
- <table>布局中，垃圾代码会很多，一些修饰的样式及布局的代码混合一起，很不直观；而<div>更能体现样式和结构相分离，结构的重构性强。
- 可以将许多网页的风格格式同时更新，不用再一页一页更新了；可以将站点上所有的网页风格都使用一个 CSS 文件进行控制，只要修改这个 CSS 文件中相应的行，那么整个站点的所有页面都会随之发生变动。

4. 创建 div

<div>简而言之就是一个区块容器标记，即<div>与</div>之间相当于一个容器，可以容纳段落、标题、表格、图片，乃至章节、摘要和备注等各种 HTML 元素。因此，可以把<div>与</div>中的内容视为一个独立的对象，用 CSS 控制。声明时只需要对<div>进行相应的控制，其中的各种标记元素都会因此而改变。举例代码如下：

```
1      <html xmlns="http://www.w3.org/1999/xhtml">
2      <head>
3      <meta http-equiv="Content-Type" content="text/html; charset=utf-8" />
4      <title>div 标记示例</title>
5      <style>
6      div{
7      font-size:18px;
8      font-weight:bold;
9      color:red;
10     border:2px solid red;
11     background-color:blue;
12     text-align:center;
```

```
13      width:300px;
14      height:100px;
15      }
16      </style>
17      </head>
18      <body>
19      <div >这是第一个 DIV 标记</div>
20         </body>
21      </html>
```

上例所示，新建一个<div>标记并使用 CSS 样式对<div>块中的内容进行格式化，其效果如图 6-18 所示。

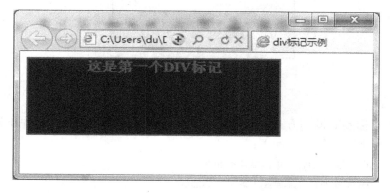

图 6-18　<div>格式设置

6.4.2　DIV+ CSS 布局的四大核心

CSS+DIV 是网站标准常用的术语之一，CSS 和 DIV 的结构被越来越多的人采用。它的好处很多，可以使结构简洁，定位更灵活，CSS 布局的最终目的是搭建完整的页面架构。

1. 盒子模型的概念

如果要熟练应用 DIV+CSS 网页布局技术，首先要对盒子模型有充分的理解。盒子模型是 CSS 布局网页时非常重要的工具。只有掌握了盒子模型以及其中每个元素的使用方法，才能合理布局网页中各个元素的位置。

所有页面中的元素都可以看作一个装了东西的盒子，盒子里面的内容到盒子的边框之间的距离即为填充(Padding)，盒子本身有边框(Border)，而盒子边框外和其他盒子之间还有边界(Margin)。

一个盒子由四个独立部分组成，如图 6-19 所示。

- 第 1 部分是边界(Marging)。
- 第 2 部分是边框(Border)，边框可以有不同的样式。
- 第 3 部分是填充(Padding)，填充用来定义内容区域与边框之间的空白。
- 第 4 部分是内容(Content)。

填充、边框和边界都分为上、下、左、右四个方向，既可以分别定义，也可以统一定义。

当使用 CSS 定义盒子的 width 和 height 时，定义的并不是内容区域、填充、边框和边界所占的总区域，实际上定义的是内容区域(content)的 width 和 height。为了计算盒子所占的实际区域必须加上 Padding、Border 和 Margin，公式如下：

实际宽度 = 左边界 + 左边框 + 左填充 + 内容宽度(width) + 右填充 + 右边框 + 右边界

实际高度 = 上边界 + 上边框 + 上填充 + 内容高度(height) + 下填充 + 下边框 + 下边界

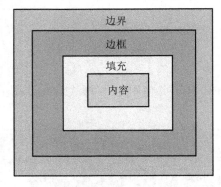

图 6-19　盒子模型图

2. 标准流

标准流就是标签的排列方式，就像流水一样，排在前面的标签内容先出现，排后面的标签内容最后出现。举例代码如下：

```
1    <div class="sty2">中国城市</div>
2    <span id="st" class="sty1">贵州</span>
3    <span class="sty2">贵阳</span>
4    <br/>
5    <span class="sty3 shan">广东</span>
6    <span class="sty3">广州</span>
```

上面的 HTML 代码是标签的一个排列方式，网页的显示效果如图 6-20 所示。它是以标签的排列方式呈现的。

图 6-20　标签排列

3. float 定位

float 属性定义元素在哪个方向浮动。以往这个属性应用于图像，会使文本围绕在图像周围，不过在 CSS 样式中，任何元素都可以浮动。浮动元素会生成一个块级框，而不论它本身是何种元素。float 是相对定位，它会随着浏览器的大小和分辨率的变化而改变。float

浮动属性是元素定位中非常重要的属性，在网页设计中常使用<div>元素的 float 属性来定位，定义格式如下：

　　　　　float:none|left|right

其中，none 是默认值，表示对象不浮动；left 表示对象浮动到左边；right 表示对象浮动到右边。

　　CSS 样式允许所有元素进行浮动(float)，不论是段落、列表还是图像都可以进行浮动。无论先前元素是什么状态浮动后都变成块级元素，浮动元素的宽度默认为 auto。

　　如果 float 取值为"none"或没有设置元素的 float 属性，则不会发生任何浮动。块元素独占一行，紧随其后的块元素将在新行中显示，代码如下所示：

```
1      <html>
2      <head>
3      <meta http-equiv="Content-Type" content="text/html; charset=utf-8" />
4      <title>没有设置 float 属性</title>
5      <style>
6      #div_a{
7      width:200px;height:100px;border: 2px solid red;margin:20px;background:green;
8      }
9      #div_b{
10     width:200px;height:100px;border: 2px solid black;margin:20px;background-color:blue;
11         }
12     </style>
13     </head>
14     <body>
15     <div id="div_a">这是第一个 DIV 内容</div>
16     <div id="div_b">这是第二个 DIV 内容</div>
17     </body>
18     </html>
```

　　在浏览器中查看效果如图 6-21 所示，可以看到由于没有设置<div>的 float 属性，因此每个<div>独占一行，两个<div>分两行显示。

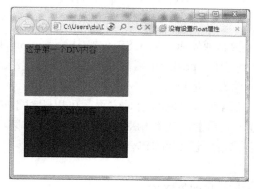

图 6-21　没有 float 属性

对上面代码进行简单修改，使用 float:left 对 div_a 和 div_b 应用向左浮动属性，其代码如下所示。在浏览器中浏览的效果如图 6-22 所示。

```
1    <html>
2    <head>
3    <meta http-equiv="Content-Type" content="text/html; charset=utf-8" />
4    <title>设置两个 float 属性为左浮动</title>
5    <style>
6
7    #div_a{
8    width:200px;height:100px; float:left; border: 2px solid red;margin:20px;background:green;
9    }
10   #div_b{
11   width:200px;height:100px;float:left; border: 2px solid black;margin:20px;background- color: blue;
12       }
13   </style>
14   </head>
15   <body>
16   <div id="div_a">这是第一个 DIV 内容</div>
17   <div id="div_b">这是第二个 DIV 内容</div>
18     </body>
19   </html>
```

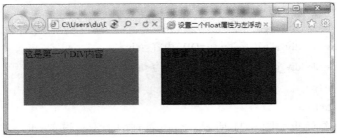

图 6-22　设置 float 属性

4．position 定位

position 意思为位置、状态或安置。在 CSS 布局中，position 属性非常重要，很多特殊容器的定位必须用 position 完成。position 属性共有四个属性值：static、absolute、fixed 和 relative。static 是默认值，代表无定位。

定位允许用户精确定义元素框出现的相对位置，可以相对于它通常出现的位置，相对于其上级元素，相对于另一个元素，或者相对于浏览器窗口本身。每个显示元素都可以用定位的方法来描述，而其位置由此元素的包含块来决定。

定义格式如下：

position：static | absolute | fixed |relative

其中，static 是默认值，无特殊定位，遵循 HTML 定位规则；absolute 表示绝对定位，需要同时使用 left、right、top 和 bottom 等属性进行设置，而其层叠通过 z-index 属性定义，此时对象不具有边框，但仍有填充和边框；fixed 表示当页面滚动时，元素保持在浏览器视区内，其行为类似 absolute; relative 表示采用相对定位，对象不可层叠，但将依据 left、right、top 和 bottom 等属性设置在页面中的偏移位置。

5. DIV+CSS 布局理念

一般网页都要放置一个大框作为网页中所有内容的父框，而其内容又分成头、体和脚三个主要部分，有时候可以省略头、体的父框，但这两个部分确实是存在的，如图 6-23 所示。

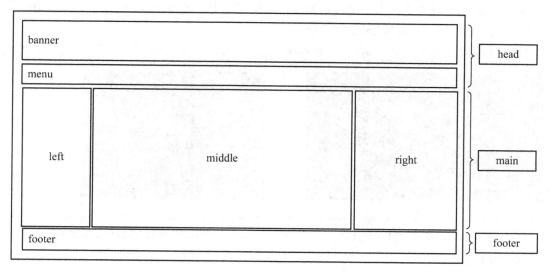

图 6-23 页面框架

实际布局时并不一定要分出这三个部分，比如 head 部分就直接使用 banner 和 menu 两个 div 层，main 部分也是如此。只有 footer 部分，由于没有子层，结构简单，可直接应用。

6.4.3 常见的布局类型

所谓布局，就是将网页中的各个板块放置在合适的位置。布局一般分为表格布局、绘制层布局、框架布局和 CSS+DIV 布局模型等。其中表格布局和 CSS+DIV 布局是最常用、最流行的方式。

1. 一列固定宽度

一列固定宽度布局是所有布局的基础，也是最简单的布局形式。一列固定宽度中，宽度的属性值是固定像素。下面举例说明一列固定宽度的布局方法。

(1) 在 HTML 文档的<head>与</head>之间相应的位置处输入定义的 CSS 样式代码。具体代码如下：

```
1    <style>
2    #Layer{
```

```
3          background-color:green;
4           border:3px solid red;
5          width:500px;
6          height:300px;
7        }
8      </style>
```

（2）在 HTML 文档的<body>与</body>之间的正文中输入以下代码，给<div>使用"Layer"作为 id 名称。

```
<div id="Layer">DIV 一列固定宽度</div>
```

（3）在浏览器中浏览。由于是固定宽度，因此无论怎样改变浏览器窗口大小，<div>的宽度都不会改变，如图 6-24 和图 6-25 所示。

 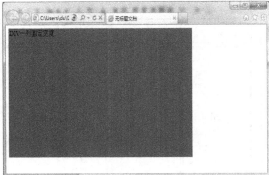

图 6-24　浏览器窗口变小效果　　　　　图 6-25　浏览器窗口变大效果

2. 列自适应

自适应布局是网页设计中常见的一种布局形式。自适应布局能够根据浏览器窗口的大小，自动改变其宽度值和高度值，是一种非常灵活的布局形式。良好的自适应布局网站对不同分辨率的显示器都能提供最好的显示效果。自适应布局需要将宽度由固定值改为百分比。具体代码如下所示：

```
1      <style>
2      html,body{ height:100%; }
3      #Layer{
4          background-color:green;
5           border:3px solid red;
6          width:70%;
7          height:70%;
8        }
9      </style>
10     <body>
11     <div id="Layer">DIV 一列自适应宽度</div>
12       </body>
```

　　这里将<div>的宽度值和高度值都设置为"70%"。从浏览效果中可以看到，<div>的宽度已经变为了浏览器的 70%。当扩大或缩小浏览器窗口时，其宽度和高度还将维持在浏览器当前的宽度 70%，如图 6-26 和图 6-27 所示。

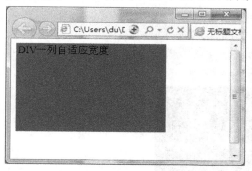
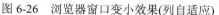
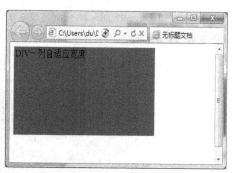

図 6-26　浏览器窗口变小效果(列自适应)　　　図 6-27　浏览器窗口变大效果(列自适应)

　　注意：在上面的 CSS 代码中，必须要添加 html,body{ height:100%;}，如果不添加该句将看不到高度在浏览器中所占的百分比。这是因为当浏览器读取到 Layer 样式时，<html>和<body>还没有载入页面，所以无从得知<html>和<body>的高度。

3．两列固定宽度

　　两列固定宽度布局的制作方法非常简单。两列布局需要用到两个<div>，分别将两个<div>的 id 设置为"left"和"right"，表示两个 div 的名称。首先为它们制定宽度，然后让两个<div>在水平线中并排显示，从而形成两列式布局。具体步骤如下：

　　(1) 在 HTML 文档的<head>与</head>之间相应的位置处输入定义的 CSS 样式代码，具体如下所示：

```
1    <style>
2    #left{
3        background-color:green;
4        border:2px solid red;
5        width:500px;
6        height:300px;
7        float:left;
8    }
9    #right{
10       background-color:blue;
11       border:2px solid gray;
12       width:500px;
13       height:300px;
14       float:left;
15   }
16   </style>
```

(2) 在 HTML 文档的\<body>与\</body>之间的正文中输入以下代码(即给\<div>使用 "left"和"right"作为 id 名称):

```
<div id="left">DIV 两列固定宽度 left</div>
<div id="right">DIV 两列固定宽度 right</div>
```

(3) 在浏览器中浏览，两列固定宽度布局如图 6-28 所示。

图 6-28　两列固定宽度布局

4. 两列宽度自适应

下面使用两列宽度自适应性来实现左右栏宽度的自适应。设置自适应主要通过宽度的百分比值设置。CSS 代码修改如下:

```
1    <style>
2    html,body{ height:100%; }
3    #left{
4        background-color:green;
5        border:2px solid red;
6        width:50%;
7        height:300px;
8        float:left;
9    }
10   #right{
11       background-color:blue;
12       border:2px solid gray;
13       width:40%;
14       height:300px;
15       float:left;
16   }
17   </style>
```

这里主要修改了左栏宽度为 50%，右栏宽度为 40%。在浏览器中浏览效果如图 6-29 所示。无论怎样改变浏览器窗口大小，左右两栏的宽度与浏览器窗口的百分比都不改变，如

图 6-30 所示。

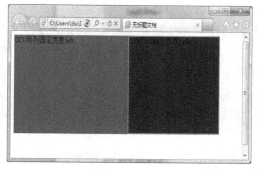

图 6-29　浏览器窗口变小效果(两列宽度自适应)　　　图 6-30　浏览器窗口变大效果(两列宽度自适应)

5. 两列右列宽度自适应

在实际应用中，有时候需要左栏固定，右栏根据浏览器窗口大小自适应，在 CSS 中只需要设置左栏的宽度即可。如上例中左右栏都采用了百分比实现了宽度自适应，这里只需要将左栏宽度设置为固定值，右栏不设置任何宽度值，并且右栏不浮动即可。CSS 样式代码如下：

```
1       <style>
2       #left{
3            background-color:green;
4            border:2px solid red;
5            width:200px;
6            height:200px;
7            float:left;
8       }
9       #right{
10           background-color:blue;
11           border:2px solid gray;
12           height:200px;
13      }
14      </style>
```

这样，左栏将呈现 200px 宽度，而右栏将根据浏览器窗口大小自动适应，如图 6-31 和图 6-32 所示。

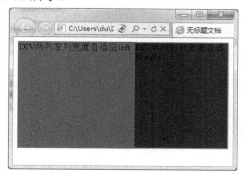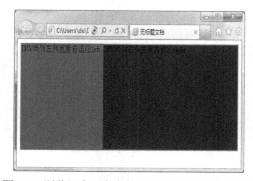

图 6-31　浏览器窗口变小效果(两列右列宽度自适应)　　图 6-32　浏览器窗口变大效果(两列右列宽度自适应)

6. 三列浮动中间宽度自适应

　　使用浮动定位方式，从一列到多列的固定宽度及自适应，基本上可以简单完成，这其中也包括三列的固定宽度。在这里设计一个三列式布局，其中左栏要求固定宽度，并居左显示，右栏要求固定宽度并居右显示，而中间栏需要在左栏和右栏的中间，根据左右栏的间距变化自动适应。

　　完成该要求需要使用到绝对定位。前面的浮动定位方式主要由浏览器根据对象的内容自动进行浮动方向的调整，但是当这种方式不能满足定位需求时，就需要使用绝对定位。

　　具体步骤如下：

　　(1) 在 HTML 文档的<head>与</head>之间相应的位置处输入定义的 CSS 样式代码，具体如下所示：

```
1    <style>
2    body{
3    margin:0px;
4    }
5    #left{
6        background-color:green;
7        border:2px solid red;
8        width:100px;
9        height:200px;
10       position:absolute;
11       left:0px;
12       top:0px;
13    }
14    #content{
15       background-color:yellow;
16       border: 2px solid black;
17       height:200px;
18       margin-left:100px;
19       margin-right:100px;
20    }
21    #right{
22       background-color:blue;
23       border:2px solid gray;
24       width:100px;
25       height:200px;
26       position:absolute;
27       right:0px;
28       top:0px;
```

```
29          }
30          </style>
```

(2) 在 HTML 文档的<body>与</body>之间的输入以下代码(<div>使用"left"和"right"作为 id 名称):

```
<div id="left">左列</div>
<div id="content">中间内容</div>
<div id="right">右列</div>
```

在浏览器中浏览，两列固定宽度布局如图 6-33 和图 6-34 所示。

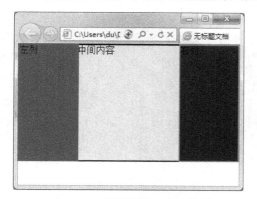

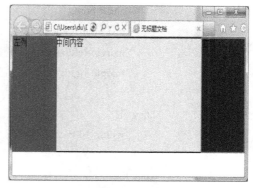

图 6-33　浏览器窗口变小效果　　　　　　　　图 6-34　浏览器窗口变大效果

6.4.4　实战案例——品牌门户网页

本小节将通过一个简单的案例来学习如何运用盒子模型与 CSS 布局某一品牌的门户网页。具体代码如下:

```
1          <!DOCTYPE html>
2          <html>
3          <head>
4          <meta charset="UTF-8">
5          <title>门户网页</title>
6          <style type="text/css">
7          * {
8              margin: 0;
9              padding: 0;
10             box-sizing: border-box;
11             }
12         .box {
13             width: 80%;
14             margin: 0 auto;
15             }
```

```
16          .banner {
17                  background-image: url(banner.jpg);
18                  width: 100%;
19                  height: 400px
20                  background-size: 100% 100%;
21                      }
22          .nav {
23                  width: 100%;
24                  clear: both;
25                  text-align: center;
26                  margin-left: auto;
27                  margin-right: auto;
28                      }
29          .nav ul{
30                  width: 100%;
31                  }
32          .nav li {
33                  list-style: none;
34                  border: 2px solid pink;
35  width: 14.28%;
36                  float: left;
37                  }
38          .nav a {
39                  text-decoration: none;
40                  color: black;
41                  }
42          </style>
43          </head>
44          <body class="box">
45          <div class="banner">
46          </div>
47          <div class="nav">
48          <ul>
49          <li>
50          <a href="">首页</a>
51          </li>
52          <li>
53          <a href="">详情</a>
```

```
54          </li>
55          <li>
56          <a href="">品牌介绍</a>
57          </li>
58          <li>
59          <a href="">当季产品</a>
60          </li>
61          <li>
62          <a href="">打折产品</a>
63          </li>
64          <li>
65          <a href="">客服</a>
66          </li>
67          <li>
68          <a href="">友情链接</a>
69          </li>
70          </ul>
71          </div>
72          <div >
73          <img width="50%" height="400px" src="main1.jpg"    style="float: left;"/>
74          <div        style="float:       left;width:      50%;height:180px;position:       relative;top:
75          110px;padding-left:40px;" >
76          <h1
77              品牌故事
78              BRAND STORY</h1>
79          <p style="font-family: '微软雅黑';font-size: 18px;">
80              1964 年成立至今，TOPSHOP 已经成为全球最权威的高级时尚品牌。丰富的产
81          品线，从基本款式到高端潮流，符合各种不同体型、价位，以及每季的时尚明星和
82          设计师的限量款式等诸多选择，为时尚女性提供了造型需求。TOPSHOP 设计师们
83          敏锐地捕捉每一季的流行元素，它不拘一格的设计风格和独树旗帜的品牌个性备受
84          年轻女性、甚至是潮流明星以及专业时尚人士的热捧。
85           </p>
86          </div>
87          </div>
            </body>
            </html>
```

显示效果如图 6-35 所示。

图 6-35　案例图

本 章 小 结

本章引入了层叠样式表(CSS)，介绍了如何在 HTML 中嵌入 CSS，包括外部样式表、内部样式表及内联样式表。同时还讲述了 CSS 的特性，层叠性及继承性。之后，介绍了如何通过 CSS 选择器设置 HTML 元素样式，元素选择器通过 HTML 标签可对内容进行修饰，类选择器可为某一 class 的元素统一设置样式，ID 选择器可为某一 id 的元素设置样式，ID 选择器设置的样式在 HTML 中只能被一个元素引用；标签指定式由标签选择器与类选择器或 ID 选择器共同构成。在本章第三节引入了 CSS 常用样式，涉及图片、文本、超链接与表格。最后我们学习了 DIV+CSS 的网页布局，以及如何结合盒子模型，CSS 设置样式布局网页，且设置了一个实战案例。通过本章的学习，读者可以尝试独立完成网站的布局建设。

思 考 与 练 习

1. 填空题

(1) CSS 链接外部样式的写法：_____。

(2) CSS 基本语法-标记选择器的写法：

\<style\> p{_____: red; _____: 25px; } \</style\>

(3) CSS 基本语法-id 选择器的写法：

网页：\<body\>\<div_____ = "header" \>DIV+CSS 网页设计与制作\</div\>

对应的 css 为：#_____ {color:yellow;font-size:30px}

(4) CSS 基本语法-类别选择器的写法：

网页：<body><div＿＿＿ ＝ "header" > DIV+CSS 网页设计与制作</div>

对应的 CSS 为： ．＿＿＿＿＿{color:yellow;font-size:30px}

(5) 改变元素的外边距用＿＿＿＿＿＿＿＿，改变元素的内边距用＿＿＿＿＿＿＿。

(6) 设置 CSS 属性 float 的值为＿＿＿＿＿＿＿＿＿时可取消元素的浮动。

(7) 文字居中的 CSS 代码是＿＿＿＿＿＿＿＿＿＿＿＿＿＿＿＿＿＿＿＿。

2. 操作题

利用<div>标签和 CSS 样式表，制作如图 6-36 所示页面。

训练要点：

- HTML 文档基本结构。

- 外部样式表的使用。

- 样式规则的编写。

- 各类型 CSS 选择器的使用。

操作提示：

- 新建外部样式表文件 style.css，使用 link 元素连接到 HTML 文档。

- 页面的主体由三部分组成：header 用于放置顶部图片；wrapper 作为中间的整部分；footer 作为页脚。

- wrapper 包含内容区 content_area、左边区 left_side、右边区 right_side。

- left_side、right_side、footer 层区域添加指定的背景颜色。

图 6-36　效果图

第 7 章　动态网页基础之 JavaScript

学习目标

- 了解 JavaScript 的基础知识，如变量、运算符、控制语句、函数对象等。
- 掌握 JavaScript HTML DOM。
- 掌握 JavaScript 浏览器 BOM。
- 了解 jQuery 语言。

JavaScript 是一种脚本语言，已经被广泛用于 Web 应用开发，常用来为网页添加各式各样的动态功能，为用户提供更流畅美观的浏览效果。

7.1　JavaScript 基础知识

7.1.1　JavaScript 简介

JavaScript 可广泛用于服务器、PC、笔记本电脑、平板电脑和智能手机等设备，被数以百万计的网页用来改进设计，验证表单，检测浏览器，创建 cookies 等。通常 JavaScript 是通过嵌入在 HTML 中来实现自身的功能的，所以浏览器在读取代码时会逐行执行脚本代码。

作为一种脚本语言，JavaScript 具有如下特点：

(1) JavaScript 是一种轻量级的编程语言。

(2) JavaScript 是可插入 HTML 页面的编程代码。

(3) JavaScript 插入 HTML 页面后，可由所有的现代浏览器执行。

(4) JavaScript 简单易学。

7.1.2　引入 JavaScript

要在 HTML 页面中插入 JavaScript，需要使用<script>标签，<script>和</script>之间的代码即为 JavaScript 脚本。例如：

```
<script>
alert("我的第一个 JavaScript");
</script>
```

浏览器会解释执行<script>和</script>之间的代码。

注意：有些旧的实例可能会在<script>标签中使用 type="text/javascript"，现在已经不需要了，因为 JavaScript 是所有现代浏览器及 HTML5 中的默认脚本语言。

JavaScript 脚本可被放置在 HTML 页面的<head>和<body>部分中，如图 7-1 和图 7-2 所示。其中，alert()作为一个弹出对话框，通常用于对用户的提示信息，后面章节会有介绍。

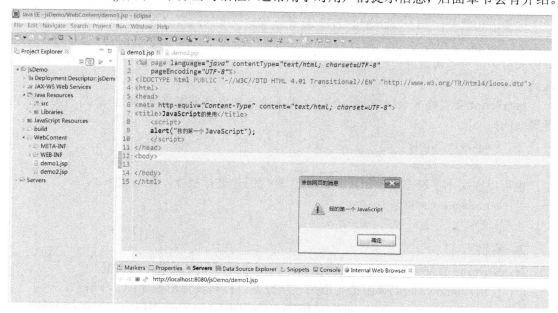

图 7-1　JavaScript 脚本位于<head>标签中

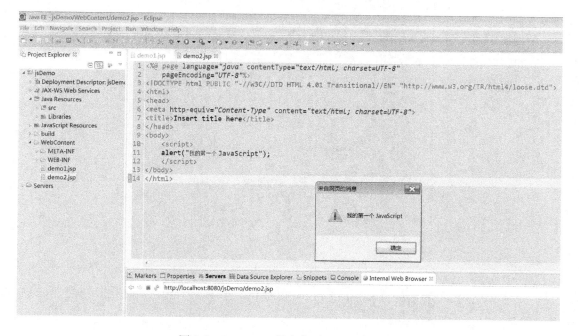

图 7-2　JavaScript 脚本位于<body>标签中

7.1.3　JavaScript 语句

1．语句

JavaScript 语句是发给浏览器的命令，作用就是告诉浏览器要做的事情。例如：

```
document.getElementById("demo").innerHTML="你好，JavaScript！";
```

这条语句就是向 id = "demo"的 HTML 元素输出文本"你好，JavaScript！"。

JavaScript 使用分号";"来分隔语句，通常在每条可执行的语句结尾添加分号，使用分号的另一好处是可以在一行中编写多条语句。在 JavaScript 中，用分号来结束语句是可选的。

JavaScript 会忽略多余的空格，可以在脚本中添加空格来提高可读性，下面的两行代码是等效的：

```
var person="Koala";
var person = "Koala";
```

也可以在文本字符串中使用反斜杠"\"对代码行进行换行，代码如下：

```
document.write("你好 \
    世界!");
```

2．输出

JavaScript 没有任何打印或者输出函数，可以通过以下方式来输出数据：

(1) 使用 window.alert()弹出警告框来显示数据。代码及弹出框如图 7-3 所示。

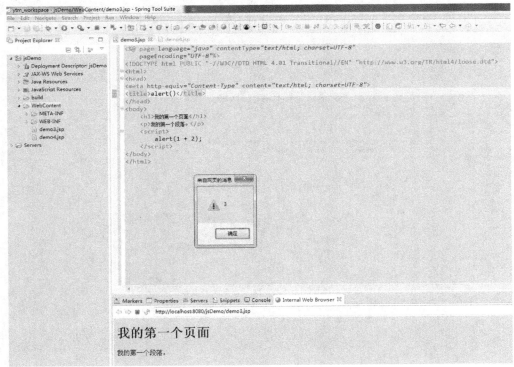

图 7-3　alert()弹出框显示数据

(2) 使用 document.write()将内容直接写到 HTML 文档中。代码及显示如图 7-4 所示。

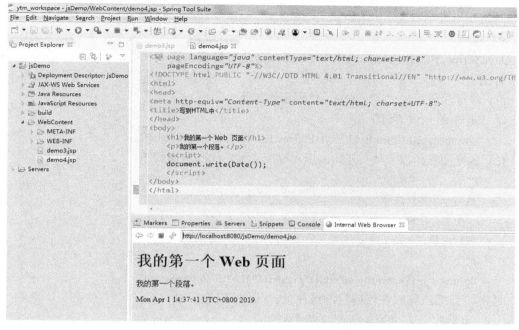

图 7-4　document.write()写内容到文档中

(3) 使用 innerHTML 操作 HTML 元素。如需要访问 HTML 某个元素，可以使用 document.getElementById(id)的方法，其中 "id" 属性用来标识 HMTL 元素，并使用 innerHTML 来插入元素内容。代码及显示如图 7-5 所示。

图 7-5　innerHTML 操作 HTML 元素

上面的例子中，通过 document.getElementById("demo")获取到"id=demo"的 HTML 元素<p>，使用 innerHTML 修改了<p>元素的内容。

3．注释

JavaScript 中添加注释可用来对 JavaScript 进行解释，提高代码的可读性。注释是不会被执行的。

(1) 单行注释：以"//"开头。代码示例如下：

```
// 这是一个单行注释
document.getElementById("myH1").innerHTML="Hello JavaScript!";
```

(2) 多行注释：以"/*"开始，以"*/"结尾。代码示例如下：

```
/*
这是一个多行注释
一个多行注释
多行注释
*/
document.getElementById("myH1").innerHTML="Hello JavaScript!";
```

通常，会把注释放在代码行的结尾处，代码如下：

```
var x=5;      // 声明 x 并把 2 赋值给它;
```

给代码添加注释是个非常好的习惯，不仅有利于自己二次阅读和开发，也方便别人阅读和理解自己的代码。

7.1.4　JavaScript 变量和数据类型

1．变量

JavaScript 变量是用于存放数据的"容器"，可用于存放值(如 x=2)和表达式(如 z=x+y)。变量可以使用短名称(如 x，y)，也可以使用描述性的名称(如 sum，totalNum，age)。变量的规则如下：

- 变量必须以字母开头；
- 变量也能以 $ 和 _ 符号开头(一般不推荐)；
- 变量名称对大小写敏感(totalnum 和 totalNum 是不同的变量)。

在 JavaScript 中，创建变量也称为"声明"变量。

使用 var 关键词来声明变量，代码如下：

```
var age;
```

声明变量后，该变量是空的，没有值。如需向变量赋值，使用等号"="：

```
age = 12;
```

在声明变量的同时也可以对其赋值：

```
var age = 12;
```

一个好的编程习惯是，在代码开始处，统一对需要的变量进行声明。

程序中经常会声明无值的变量，未使用值来声明的变量，其值实际上是 undefined，如：

```
var age;
```

此时 age 的值是 undefined。

2．数据类型

JavaScript 的数据类型可分为"基本数据类型"和"引用数据类型"。"基本数据类型"有：字符串(string)、数字(number)、布尔(boolean)、null、undefined、symbol；"引用数据类型"有：对象(object)、数组(array)、函数(function)。

JavaScript 拥有动态类型，也就是相同的变量可用作不同的类型，代码如下：

```
var x;                    // x 为 undefined
var x = 5;                // x 为数字
var x = "John";           // x 为字符串
```

(1) JavaScript 数字类型。

JavaScript 只有一种数字类型，可以带小数点，也可以不带，代码如下：

```
var x1=34.00;             //使用小数点
var x2=34;                //不使用小数点
```

极大或极小的数字可以通过科学计数法来书写，代码如下：

```
var y1=123e5;             // 12300000
var y2=123e-5;            // 0.00123
```

(2) JavaScript 布尔值。

布尔(逻辑)只能有两个值：true 或 false，代码如下：

```
var x=true;
var y=false;
```

(3) undefined 和 null。

undefined 表示变量没有值，同样可以通过将变量的值设置为 null 来清空变量。

```
age = null;
```

其他的数据类型会在后面章节中详细介绍。

3．typeof 操作符

typeof 操作符可以用来检测变量的数据类型，示例如下：

```
typeof "John"              // 返回  string
typeof 3.14                // 返回  number
typeof false               // 返回  boolean
typeof [1,2,3,4]           // 返回  object
typeof {name:'John', age:34}  // 返回  object
typeof undefined           // undefined
typeof null                // object
```

在 JavaScript 中，数组是一种特殊的对象类型，因此 typeof [1,2,3,4] 返回 object。JavaScript 中 null 表示"什么都没有"，即是一个只有一个值的特殊类型，表示一个空对象引用，因此 typeof null 返回 object。JavaScript 中，undefined 是一个没有设置值的变量，因此 typeof undefined 返回 undefined。

7.1.5　JavaScript 对象

JavaScript 中的所有事物都是对象。数值型、布尔型、字符串、数组、日期可以是一个对象，甚至函数也可以是一个对象。对象是带有属性和方法的特殊数据类型。比如在我们的现实生活中，一辆汽车即是一个对象。对象有它的属性，如重量、颜色等，方法有启动、停止等。

(1) 定义对象。通常可以使用字符来定义和创建 JavaScript 对象，代码如下：

```
var person = {firstName:"John", lastName:"Doe", age:50, eyeColor:"blue"};
```

也可以创建对象的新实例，并添加属性，具体代码如下：

```
person=new Object();
person.firstname="John";
person.lastname="Doe";
person.age=50;
person.eyecolor="blue";
```

(2) 访问对象属性和方法。访问对象属性可以使用两种方式，具体代码如下：

```
person.lastName;
person["lastName"];
```

如图 7-6 所示，person 对象有一个 fullName()方法，访问对象的方法即：

```
person.fullName();
```

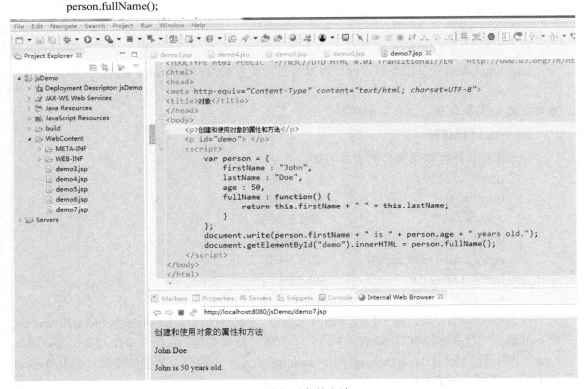

图 7-6　访问对象的方法

1．JavaScript 字符串

JavaScript 字符串用于存储和处理文本。字符串可以存储一系列字符，可以使用单引号或双引号把字符括起来，具体代码如下：

　　　　var firstName = "John";

　　　　var firstName = 'John';

可以使用索引位置来访问字符串中的字符，具体代码如下：

　　　　var character = firstName [4];　　　　//character = 't';

字符串的索引从 0 开始，即第一个字符索引值为[0]，第二个为[1]，以此类推。

1）字符串的创建

通常，JavaScript 字符串是原始值，可以使用字符创建，具体代码如下：

　　　　var firstName = "John";

也可以使用 new 关键字将字符串定义为一个对象，具体代码如下：

　　　　var firstName = new String("John");

虽然两种方式都可以创建字符串，但是代表的数据类型是不同的，具体代码如下：

　　　　var x = "John";

　　　　var y = new String("John");

　　　　typeof x　　　　// 返回 string

　　　　typeof y　　　　// 返回 object

2）字符串的属性

字符串的属性如表 7-1 所示。

表 7-1　字符串的属性

属　　性	描　　述
constructor	返回创建字符串属性的函数
length	返回字符串的长度
prototype	允许向对象添加属性和方法

3）字符串的方法

字符串的方法如表 7-2 所示

表 7-2　字符串的方法

方　　法	描　　述
charAt()	返回指定索引位置的字符
charCodeAt()	返回指定索引位置字符的 Unicode 值
concat()	连接两个或多个字符串，返回连接后的字符串
fromCharCode()	将 Unicode 转换为字符串
indexOf()	返回字符串中检索指定字符第一次出现的位置
lastIndexOf()	返回字符串中检索指定字符最后一次出现的位置
localCompare()	用本地特定的顺序来比较两个字符串
match()	找到一个或多个正则表达式的匹配

方　　法	描　　述
replace()	替换与正则表达式匹配的子串
search()	检索与正则表达式相匹配的值
slice()	提取字符串的片断，并在新的字符串中返回被提取的部分
split()	把字符串分割为子字符串数组
substr()	从起始索引号处提取字符串中指定数目的字符
substring()	提取字符串中两个指定的索引号之间的字符
toLowerCase()	把字符串转换为小写
toString()	返回字符串对象值
toUpperCase()	把字符串转换为大写
trim()	移除字符串首尾空白
valueOf()	返回某个字符串对象的原始值

2. JavaScript 数组

JavaScript 数组对象使用单独的变量名来存储一系列的值，并且可以用变量名访问任何一个值。

1) 创建数组

创建一个数组有三种方式，具体为：

(1) 先创建数组，再赋值，代码如下：

```
var myCars=new Array();
myCars[0]="Audi";
myCars[1]="Volvo";
myCars[2]="BMW";
```

(2) 在创建数组对象的同时赋值，代码如下：

```
var myCars=new Array("Audi","Volvo","BMW");
```

(3) 不创建变量，直接赋值，代码如下：

```
var myCars=["Audi","Volvo","BMW"];
```

注意：第二种方式创建对象时用的是小括号"( )"，而直接赋值时用的是方括号"[ ]"。

2) 访问数组

通过指定数组名和索引号码，可以访问数组某个特定的元素。数组的索引号码从 0 开始，因此数组的第一个元素索引值为[0]，第二个元素索引值为[1]，以此类推。

因为所有的 JavaScript 变量都是对象，数组元素是对象，函数是对象，因此可以在数组中有不同的变量类型，如可以在一个数组中包含对象元素、函数、数组等，代码示例：

```
myArray[0]=Date.now;        //对象元素
myArray[1]=myFunction;      //函数
myArray[2]=myCars;          //数组
```

3) 数组的属性方法

使用数组的 length 属性可以确定数组的元素个数；使用数组的 toString()方法可以将数组转换为字符串，如图 7-7 所示。

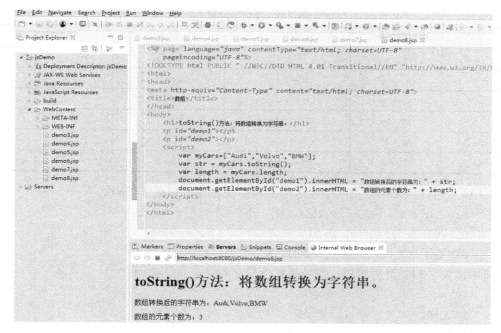

图 7-7　数组的属性

7.1.6　JavaScript 运算符

JavaScript 运算符有算术运算符、赋值运算符、比较运算符、逻辑运算符、条件运算符。下面以表格的形式分别解释这些运算符。

1．JavaScript 算术运算符

给定 y = 5，表 7-3 解释了算术运算符的用法。

表 7-3　算数运算符

运算符	描述	例子	x 运算结果	y 运算结果	备　　注
+	加法	x = y + 2	7	5	
−	减法	x = y − 2	3	5	
*	乘法	x = y*2	10	5	
/	除法	x = y/2	2.5	5	
%	取模	x = y%2	1	5	
++	自增	x = y++	5	6	先把 y 的值赋给 x，y 再自增 1
		x = ++y	6	6	y 先自增 1，然后再赋值给 x
−−	自减	x = y−−	5	4	先把 y 的值赋给 x，y 再自减 1
		x = −−y	4	4	y 先自减 1，然后再赋值给 x

2. JavaScript 赋值运算符

JavaScript 赋值运算符用于给变量赋值。给定 x = 10，y = 5，表 7-4 解释了赋值运算符的用法。

表 7-4　赋值运算符

运算符	例子	等同于	运算结果	备注
=	x = y		x = 5	
+=	x + =y	x = x + y	x = 15	
−=	x− = y	x = x − y	x = 5	
*=	x* = y	x = x*y	x = 50	
/=	x/ = y	x = x/y	x = 2	
%=	x% = y	x = x%y	x = 0	

其中，+运算符可用于把两个或多个字符串变量连接起来，代码如下：

```
txt1="Hello ";            //Hello 后有一个空格
txt2="JavaScript";
txt3=txt1+txt2;           //txt3 的结果为"Hello JavaScript"
```

如果把数字和字符串相加，则结果将变成字符串，代码如下：

```
x=5+6;                    //x=11
y="5"+6;                  //y=56
z="Hello"+6;              //z=Hello6
```

3. JavaScript 比较运算符

JavaScript 比较运算符在逻辑语句中使用，以测定变量或值是否相等。给定 x = 5，表 7-5 解释了比较运算符的用法。

表 7-5　比较运算符

运算符	描　　述	比较	返回值	备注
==	等于	x = = 8	false	
		x = = 5	true	
===	绝对等于	x = = ="5"	false	值和类型均相等
		x = = = 5	true	
!=	不等于	x! = 8	true	
!= =x	不绝对等于	x! = ="5"	true	值和类型有一个不相等,或两个都不相等
		x! = = 5	false	
>	大于	x > 8	false	
<	小于	x < 8	true	
>=	大于或等于	x>=8	false	
<=	小于或等于	x<=8	true	

4. JavaScript 逻辑运算符

JavaScript 逻辑运算符用于测定变量或值之间的逻辑。给定 x = 6，y = 3，表 7-6 解释了逻辑运算符的用法。

表 7-6　逻辑运算符

运算符	描述	例　子	结　果	备　注
&&	and	x<10 && y>1	true	两个表达式都为 true，整个表达式才为 true
||	or	x = = 5 || y = = 5	false	有一个表达式为 false，整个表达式就为 false
!	not	!(x = = y)	true	

5. JavaScript 条件运算符

JavaScript 还包含了基于某些条件对变量进行赋值的条件运算符，代码如下：

```
voteable=(age<18) ? "年龄太小" : "年龄已达到";
```

如果 age 的值小于 18，则向变量 voteable 赋值为"年龄太小"；否则赋值为"年龄已达到"。条件运算符的语法为：

```
variableName=(condition) ? value1 : value2
```

7.1.7　JavaScript 控制语句

1. JavaScript 条件语句

在写代码时，经常需要根据不同的情况来执行不同的动作，使用条件语句可完成该任务。JavaScript 中，可使用以下的条件语句：

1）if 语句

只有当指定条件为 true 时，if 语句才会被执行。其语法如下：

```
if(条件)
{
    只有当条件为 true 时执行的代码
}
```

例如，当时间大于 21:00 时，生成问候"Good evening"，代码如下：

```
if(time>21)
{
    x="Good evening ";
}
```

2）if…else 语句

在条件为 true 时执行 if 里的代码，在条件为 false 时执行 else 里的代码。语法如下：

```
if(条件)
{
    当条件为 true 时执行的代码
```

```
        }
    else
    {
        当条件不为 true 时执行的代码
    }
```

例如，当时间大于 21:00 时，生成问候 "Good evening"，否则生成问候 "Good day"，代码如下：

```
    if (time>21)
    {
        x="Good evening";
    }
    else
    {
        x="Good day";
    }
```

3) if…else if…else 语句

使用 if…else if…else 语句来选择多个代码块之一来执行。语法如下：

```
    if(条件 1)
    {
        当条件 1 为 true 时执行的代码
    }
    else if(条件 2)
    {
        当条件 2 为 true 时执行的代码
    }
    else
    {
        当条件 1 和条件 2 都不为 true 时执行的代码
    }
```

例如，当时间小于 10:00 时，生成问候 "Good morning"；如果时间大于 10:00 小于 21:00 时，生成问候 "Good day"；否则生成问候 "Good evening"，代码如下：

```
    if (time<10)
    {
    x="Good morning";
    }
    else if (time>=10 && time<21)
    {
    x="Good day";
    }
```

```
else
{
x="Good evening";
}
```

4) switch 语句

使用 switch 语句来选择要执行的多个代码块之一，语法如下：

```
switch(n)
{
    case 1:
        执行代码块 1
    break;
    case 2:
        执行代码块 2
    break;
    default:
        与 case 1 和 case 2 不同时执行的代码
}
```

使用 switch 语句时，首先设置表达式 n(通常是一个变量)，随后表达式的值会与 switch 中的每个 case 值做比较，如果存在匹配，则与该 case 关联的代码块会被执行。break 语句用来阻止自动地运行下一个 case。

例如，显示今天的星期名称，Sunday=0，Monday=1，Tuesday=2…，代码如下：

```
var d=new Date().getDay();
switch (d)
{
  case 0: x="今天是星期日";
  break;
  case 1: x="今天是星期一";
  break;
  case 2: x="今天是星期二";
  break;
  case 3: x="今天是星期三";
  break;
  case 4: x="今天是星期四";
  break;
  case 5: x="今天是星期五";
  break;
  case 6: x="今天是星期六";
  break;
}
```

在 switch 语句中，一般会使用 default 语句来规定匹配不存在时做得事情。例如，如果今天不是星期六或星期日，则会输出"期待周末"，代码如下：

```
var d=new Date().getDay();
switch (d)
{
        case 6: x="今天是星期六";
        break;
        case 0: x="今天是星期日";
        break;
        default: x="期待周末";
}
```

2．JavaScript 循环语句

JavaScript 支持不同类型的循环，具体如下：

1）for 循环

for 循环代码块一定的次数，其语法如下：

```
for (语句 1; 语句 2; 语句 3)
{
    被执行的代码块
}
```

其中，语句 1 在代码块开始前执行；语句 2 定义运行代码块的条件，若返回 true，则循环再次开始，若返回 false，则循环结束；语句 3 在代码块执行后执行。举例如下：

```
for (var i=0; i<5; i++)
{
    document.write(i + "<br>");
}
```

语句 1 和语句 3 都是可以省略的，下面是等价的 for 循环，代码为：

```
var i=0;
for (; i<5;)
{
    document.write(i + "<br>");
i++;
}
```

for 循环操作如图 7-8 所示。

2）for/in 循环

for/in 循环用来遍历对象的属性，举例如下：

```
var person={fname:"Bill",lname:"Gates",age:56};
for (x in person)              // x 为属性名
{
```

```
        txt=txt + person[x];              // person[x]为属性值
    }
```

for/in 循环操作如图 7-9 所示。

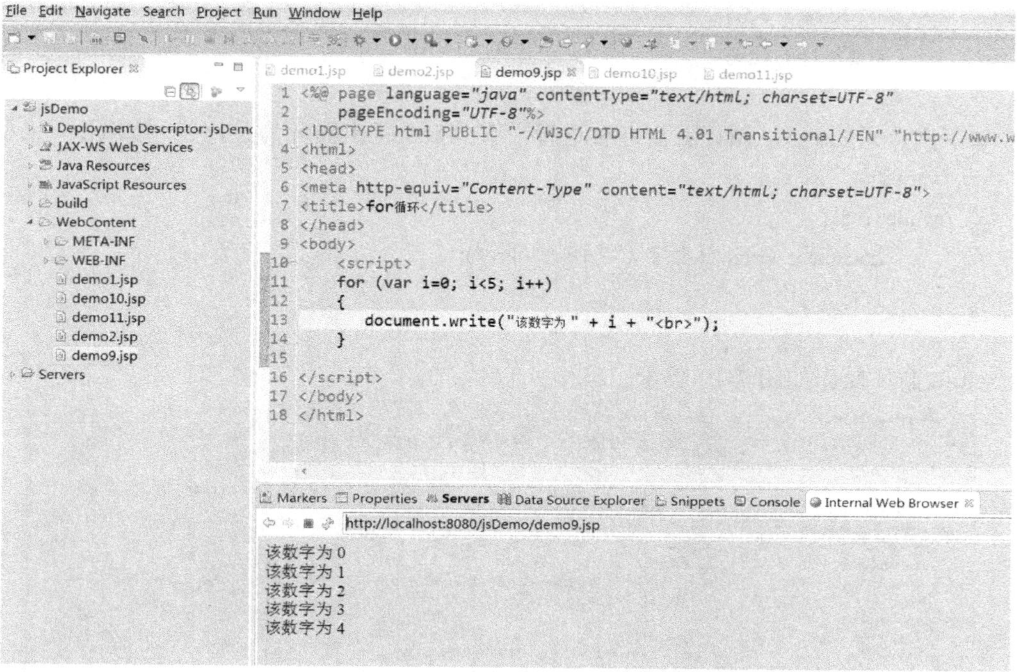

图 7-8　for 循环操作

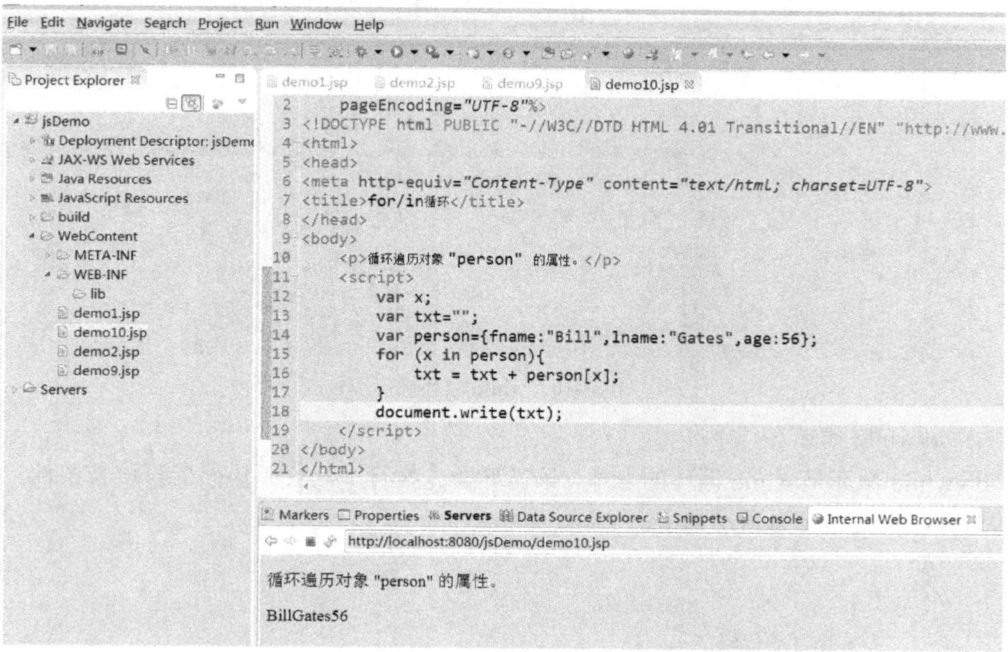

图 7-9　for/in 循环操作

3) while 循环

while 循环会在指定条件为真时，循环执行代码块。语法如下：

```
while (条件)
{
    需要执行的代码
}
```

如下例，只要 i<5，循环就会继续进行，直到 i=5 跳出循环为止，代码如下：

```
var i=0;
while (i<5){
    document.write("该数字为  " + i + "<br>");
    i++;
}
```

while 循环操作如图 7-10 所示。

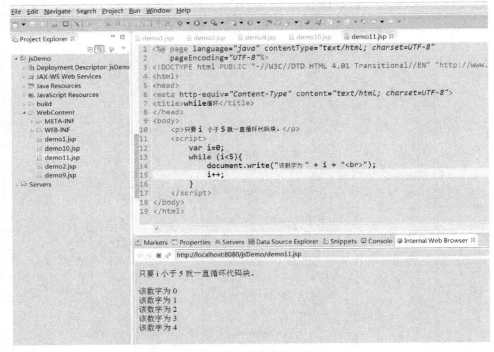

图 7-10　while 循环操作

4) do/while 循环

do/while 循环是 while 循环的变体，该循环会先执行一次代码块然后再检查条件。如果条件为真，重复循环。语法如下：

```
do
{
    需要执行的代码
}
```

```
while (条件)
```

如下例，初始 i=5，先执行完一次循环体，此时 i=6，再判断条件 i<5，不满足，跳出循环，代码如下：

```
var i=5;
do{
    document.write("该数字为 " + i + "<br>");
    i++;
}
while (i<5)
```

do/while 循环操作如图 7-11 所示。

图 7-11　do/while 循环操作

3. break 和 continue

break 语句用于跳出循环，continue 语句用于跳出循环中的一次迭代。

1) break 语句

switch 语句中用 break 跳出该语句。break 语句跳出循环后，会继续执行该循环之后的代码。如下例，当 i=3 时，执行 if 语句中的 break 语句，并跳出 for 循环，代码如下：

```
for (var i=0; i<10; i++){
    if (i==3){
        break;
    }
    document.write("该数字为 " + i + "<br>");
}
```

break 语句操作如图 7-12 所示。

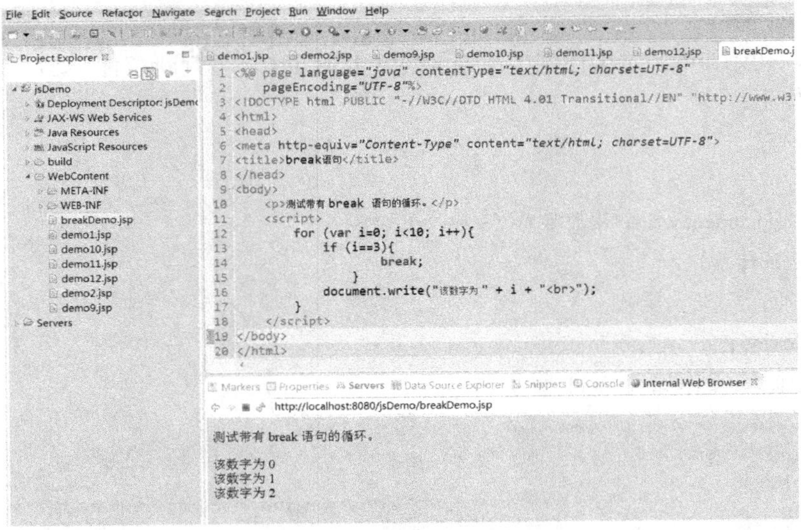

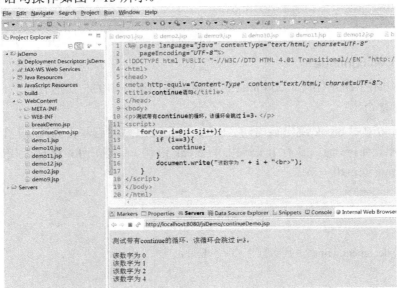

图 7-12　break 语句操作

2)　continue 语句

continue 语句跳出此次迭代，继续循环中的下一次迭代。如下例，当 i=3 时，执行 if 语句中的 continue 语句，跳出此次迭代，继续 i=4 的迭代，代码如下：

```
for(var i=0;i<5;i++){
    if (i==3){
        continue;
    }
    document.write("该数字为 " + i + "<br>");
}
```

continue 语句操作如图 7-13 所示。

图 7-13　continue 语句操作

7.1.8　JavaScript 函数

JavaScript 函数是可重复使用代码块。

1. JavaScript 函数定义

JavaScript 使用关键字 function 定义函数，它可以通过声明定义，也可以通过表达式定义。

1) 函数声明

函数声明的语法如下：

```
function functionName(parameters) {
    执行的代码
}
```

函数声明后不会立即执行，只会在需要的时候被调用。

函数声明如图 7-14 所示。

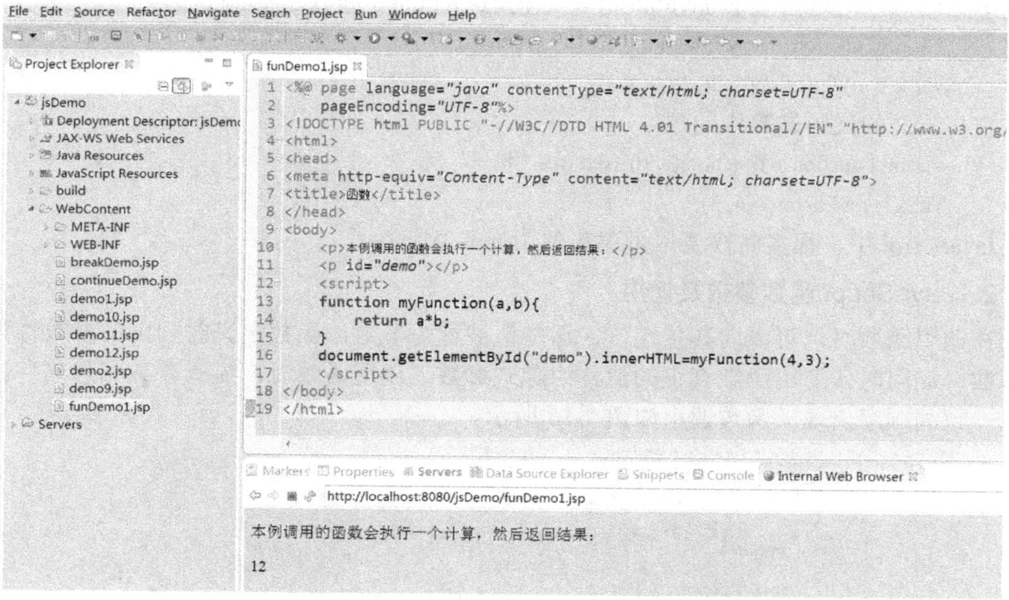

图 7-14　函数声明

2) 函数表达式

JavaScript 函数也可以通过一个表达式来定义。函数表达式可以存储在变量中，此时的变量也可以作为一个函数使用，代码如下：

```
var x = function (a, b) {return a * b};
var z = x(4, 3);
```

以上的函数是一个匿名函数。函数存储在变量中，通常调用的时候通过变量名就可调用，不需要函数名。函数表达式如图 7-15 所示。

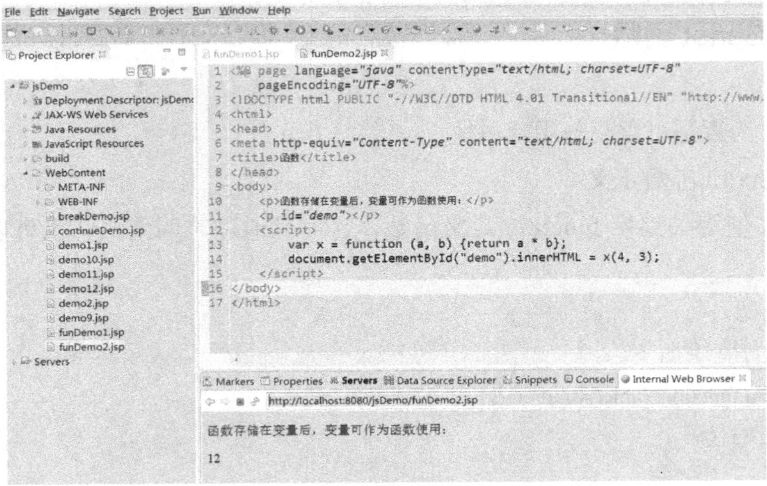

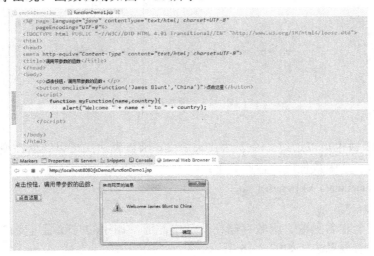

图 7-15　函数表达式

3) 构造函数

函数还可以通过内置的 JavaScript 函数构造器(Function())定义，代码如下：

```
var myFunction = new Function("a", "b", "return a * b");

var x = myFunction(4, 3);
```

它与下面的代码是等价的：

```
var myFunction = function (a, b) {return a * b}

var x = myFunction(4, 3);
```

JavaScript 中，很多时候要尽量避免使用 new 关键字。

2. JavaScript 函数参数及调用

在调用函数时，可以向其传递值，这些值被称为参数，函数定义时列出的参数称为显式参数，调用时传递给函数真正的值称为隐式参数。调用函数时，显式参数和隐式参数必须以一致的顺序出现。函数调用如图 7-16 所示。

图 7-16　函数调用

如果需要函数有返回值，可以使用 return 语句，此时函数停止执行，并返回指定的值，如图 7-17 所示。

```jsp
<%@ page language="java" contentType="text/html; charset=UTF-8"
    pageEncoding="UTF-8"%>
<!DOCTYPE html PUBLIC "-//W3C//DTD HTML 4.01 Transitional//EN" "http://www.w3.or
<html>
<head>
<meta http-equiv="Content-Type" content="text/html; charset=UTF-8">
<title>函数返回值</title>
</head>
<body>
    <p>函数会执行一个乘法运算，然后返回结果: </p>
    <p id="demo"></p>
    <script>
        function myFunction(a,b){
            return a*b;
        }
        document.getElementById("demo").innerHTML=myFunction(4,3);
    </script>

</body>
</html>
```

🔲 Markers ⚙ Properties 🌐 Servers 📄 Snippets 🖥 Console 🌐 Internal Web Browser ✕

◁ ▷ ■ ⟳　http://localhost:8080/jsDemo/functionDemo2.jsp

函数会执行一个乘法运算，然后返回结果，

12

图 7-17　带返回值的函数

🔊——注意：JavaScript 对大小写敏感，关键词 function 必须是小写，并且必须以与函数名称相同的大小写来调用函数。

7.2　JavaScript HTML DOM

7.2.1　DOM 简介

通过 HTML DOM(Document Object Model)，可以访问 JavaScript HTML 文档的所有元素。当网页被加载时，浏览器会创建页面的 DOM(文档对象模型)。HTML DOM 模型被构造为对象的树，如图 7-18 所示。

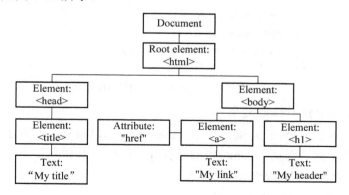

图 7-18　DOM 模型

通过可编程的对象模型，JavaScript 获得了足够的能力创建动态的 HTML。JavaScript 的特点如下：

- JavaScript 能够改变页面中的所有 HTML 元素。
- JavaScript 能够改变页面中的所有 HTML 属性。
- JavaScript 能够改变页面中的所有 CSS 样式。
- JavaScript 能够对页面中的所有事件做出反应。

7.2.2　查找 HTML 元素

JavaScript 若要操作 HTML 元素，则首先需要找到该元素，可以通过以下三种方式查找：id 名、标签名、类名。

1. 通过 id 查找 HTML 元素

在 DOM 中查找 HTML 元素最简单的方法就是通过使用元素的 id。如查找 id="demo" 的元素，代码如下：

```
var x=document.getElementById("dem");
```

如果找到该元素，则该方法将以对象(在 x 中)的形式返回该元素，如果未找到，则 x 将包含 null，如图 7-19 所示。

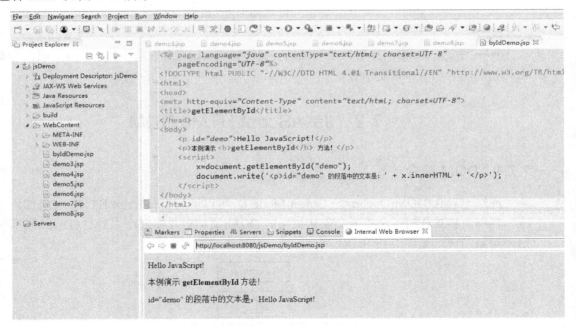

图 7-19　通过 id 查找 HTML 元素

2. 通过标签名查找 HTML 元素

通过标签名查找 HTML 元素，使用 getElementsByTagName()方法。例如，先查找 id="main" 的元素，然后查找 "main" 中的所有<p>元素，代码如下：

```
var x=document.getElementById("main");
var y=x.getElementsByTagName("p");
```

通过标签名查找 HTML 元素如图 7-20 所示。

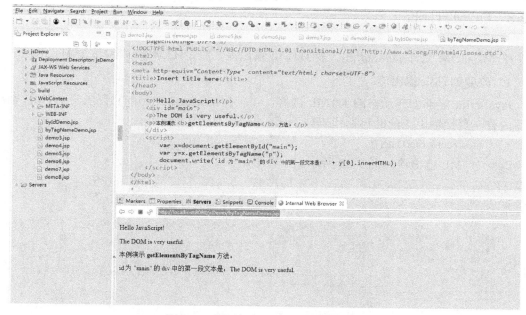

图 7-20　通过标签名查找 HTML 元素

3. 通过类名查找 HTML 元素

通过类名查找 HTML 元素，使用 getElementsByClassName 方法。查找 class="demo" 的元素代码如下：

```
var x=document.getElementsByClassName("dem");
```

通过类名查找 HTML 元素如图 7-21 所示。

图 7-21　通过类名查找 HTML 元素

7.2.3　DOM HTML

HTML DOM 允许 JavaScript 改变 HTML 输出流、改变 HTML 内容、改变 HTML 属性。

1．改变 HTML 输出流

JavaScript 能够创建动态的 HTML 内容，可使用 document.write() 直接向 HTML 输出流写内容。直接输出当前的日期代码如下：

```
document.write(Date());
```

改变 HTML 输出流如图 7-22 所示。

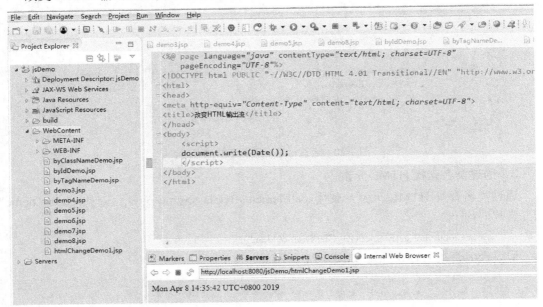

图 7-22　改变 HTML 输出流

🔊—**注意**：绝对不要在文档(DOM)加载完成之后使用 document.write()，因为它会覆盖该文档。

2．改变 HTML 内容

JavaScript 修改 HTML 内容最简单的方法就是使用 innerHTML 属性。通过使用 getElementById(id)查找到要修改的 HTML 元素，然后使用 innerHTML 属性赋值代码如下：

```
document.getElementById(id).innerHTML=新 HTML;
```

改变 HTML 内容的具体示例如图 7-23 所示。

3．改变 HTML 属性

如需改变 HTML 属性，则先使用 getElementById(id)查找到要修改属性的 HTML 元素，然后修改元素的属性值，代码如下：

```
document.getElementById(id).attribute=新属性值;
```

如下例，首先使用 getElementById("image")获得 HTML 的<img>元素，然后更改此元素的属性(把 "cat.jpg" 改为 "dog.jpg")，如图 7-24 所示。

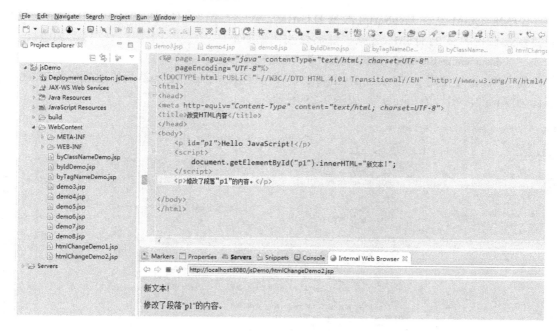

图 7-23 改变 HTML 内容

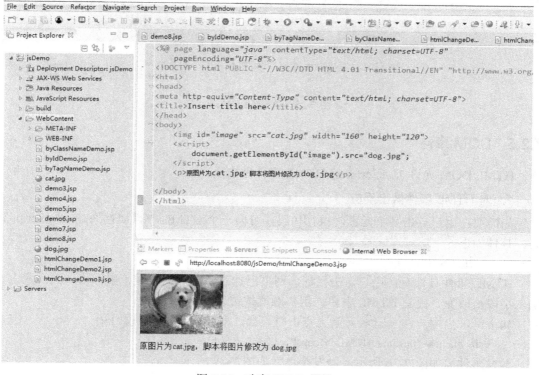

图 7-24 改变 HTML 属性

7.2.4　DOM CSS

HTML DOM 允许 JavaScript 改变 HTML 元素的样式，先使用 getElementById(id)查找到要修改 CSS 样式的 HTML 元素，然后修改代码如下：

document.getElementById(id).style.property=新样式；

如下例，首先使用 getElementById("p2")获得 HTML 的<p>元素，然后修改颜色为"blue"，字体为"Arial"，字号为"larger"，如图 7-25 所示。

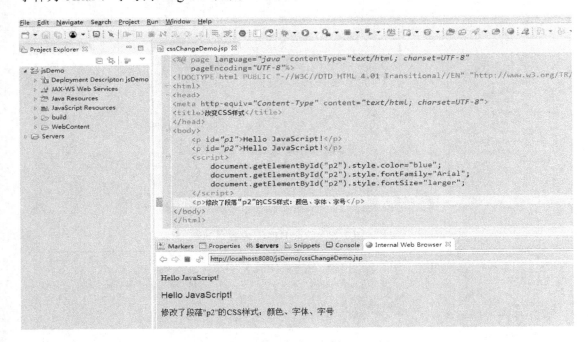

图 7-25　改变 CSS 样式

7.2.5　DOM 事件

HTML DOM 允许 JavaScript 对 HTML 事件做出反应。

1. 对 HTML 事件做出反应

如需要在用户点击某个元素时执行代码，可向一个 HTML 事件属性添加 JavaScript 代码，具体如下：

onclick = JavaScript

HTML 事件具体有：用户点击鼠标、网页已加载、图像已加载、鼠标移动到元素上、输入字段被改变、提交 HTML 表单、用户触发按键事件。

如下例，当用户在 <h1> 元素上点击时，会改变其内容，代码如下：

<h1 onclick="this.innerHTML='Ooops!'">点击文本!</h1>

触发事件前如图 7-26 所示，触发事件后如图 7-27 所示。

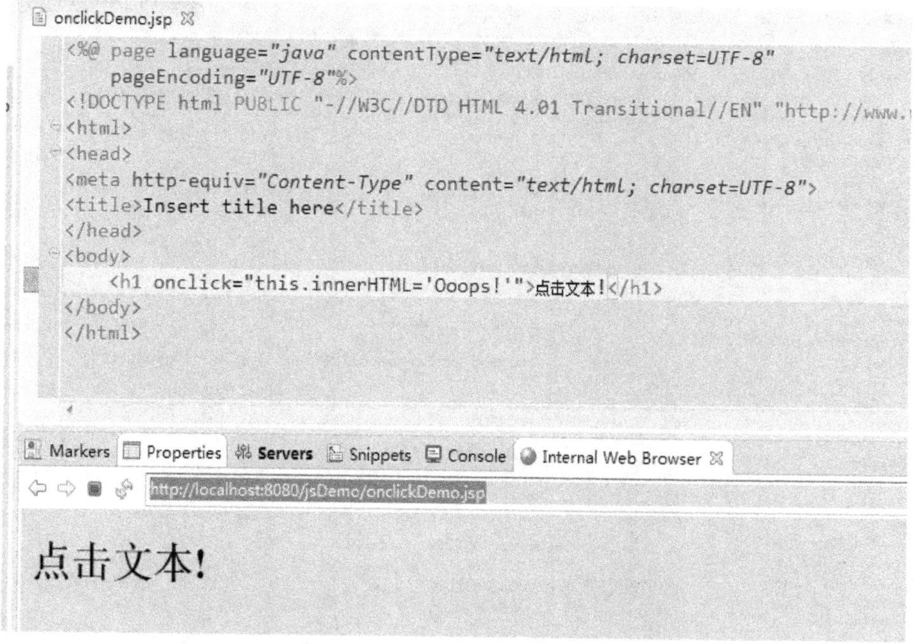

图 7-26　事件触发前

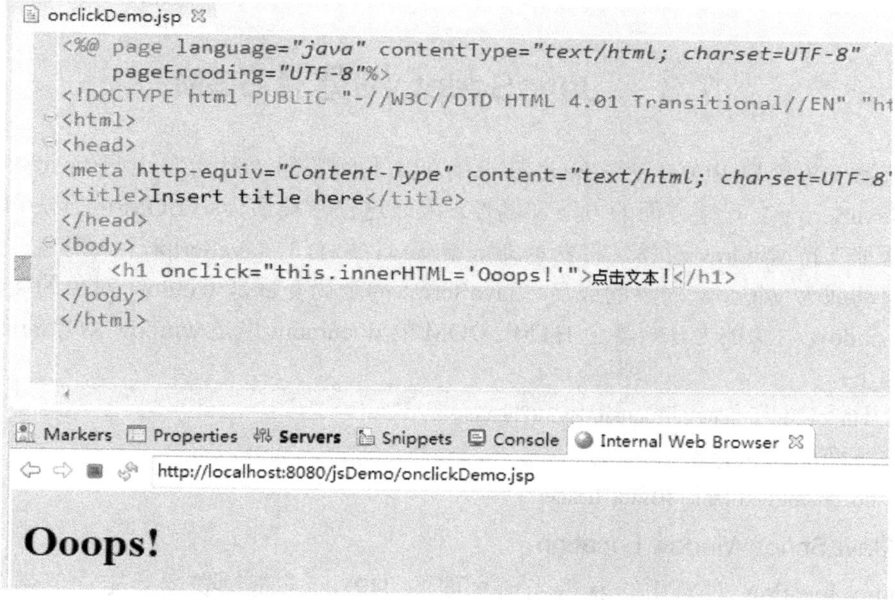

图 7-27　事件触发后

2．HTML 事件属性

如需向 HTML 元素分配事件，可以使用事件属性。如下可向 button 元素分配一个 onclick 事件，当点击"点我"按钮时，会执行名为 displayDate 的函数，如图 7-28 所示。

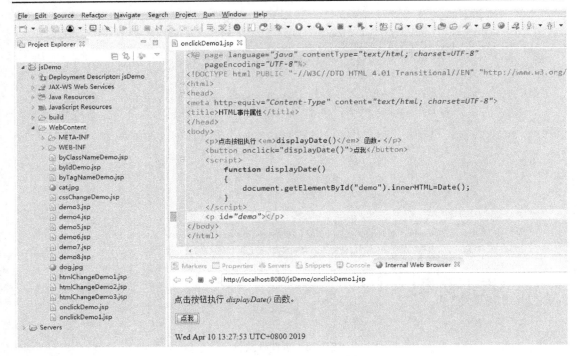

图 7-28　HTML 事件属性

7.3　JavaScript 浏览器 BOM

浏览器对象模型(BOM)使得 JavaScript 有能力与浏览器"对话"。由于现代浏览器几乎已实现 JavaScript 交互性方面的方法和属性，因此这也常被认为是 BOM 的方法和属性。所有浏览器都支持 window 对象，它表示浏览器窗口，所有的 JavaScript 全局对象、函数以及变量均自动成为 window 对象的成员。JavaScript 的全局变量是 window 对象的属性，全局函数是 window 对象的方法，甚至 HTML DOM 的 document 也是 window 对象的属性之一，其代码如下：

```
window.document.getElementById("header");
```

该语句与下面的语句等价：

```
document.getElementById("header");
```

1．JavaScript Window Location

window.location 对象用于获得当前页面的 URL，并把浏览器重定向到新的页面。window.location 对象在编写时可不使用 window 前缀，具体如下：

- location.href：返回当前页面的 URL；
- location.hostname：返回 Web 主机的域名；
- location.pathname：返回当前页面的路径和文件名；
- location.port：返回 Web 主机的端口；
- location.protocol：返回所使用的 Web 协议。

location 操作如图 7-29 所示。

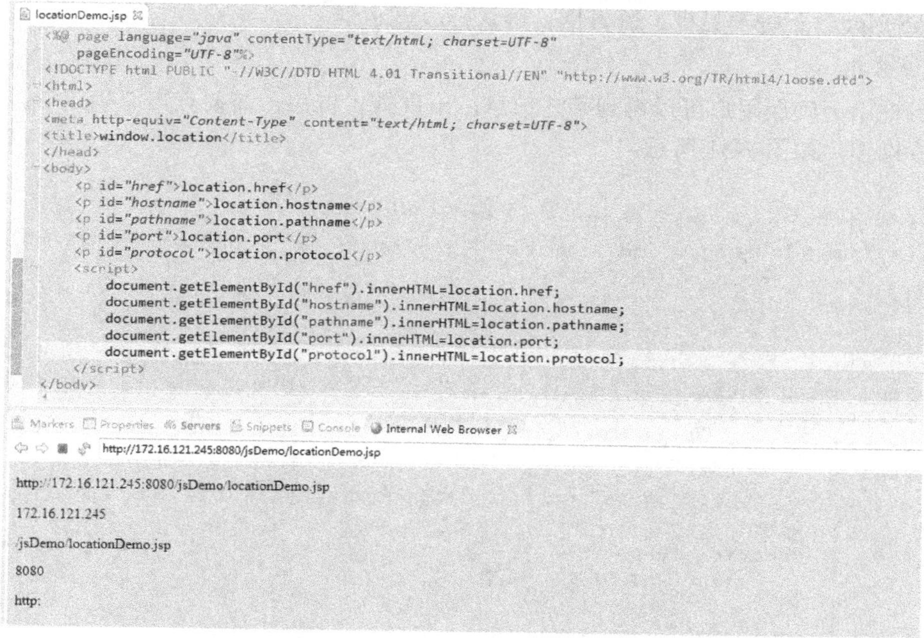

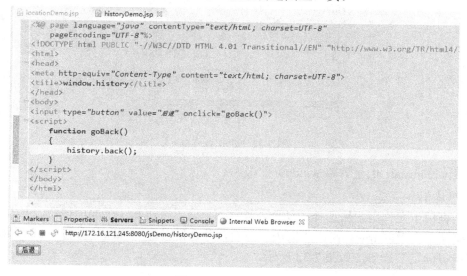

图 7-29　location 操作

2. JavaScript Window History

window.history 对象包含浏览器的历史，在编写时可不使用 window 这个前缀，具体如下：

- history.back()：加载历史列表中的前一个 URL，与在浏览器点击后退按钮相同；
- history.forward()：加载历史列表中的后一个 URL，与在浏览器中点击向前按钮相同。

图 7-30 为 window 操作，点击"后退"按钮会返回上一页。

图 7-30　window 操作

3．JavaScript 弹窗

JavaScript 有三种消息框：警告框、确认框、提示框。

1）警告框

警告框用于确保用户可以得到某些信息，出现警告框后，需要点击"确定"按钮才能继续进行操作，如图 7-31 所示。

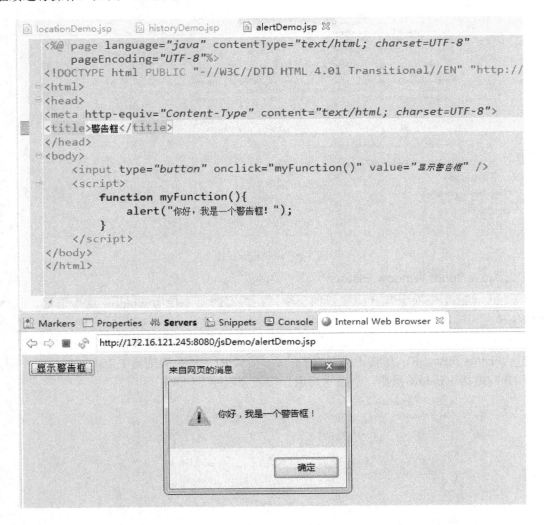

图 7-31　alert 警告框

一般 window.alert()会省略 window 前缀。

2）确认框

确认框用于允许用户做选择的动作，包含一个确定按钮和一个取消按钮。点击"确定"按钮，确认框会返回 true；点击"取消"按钮，确认框会返回 false，如图 7-32 所示。

点击"确定"按钮，如图 7-33 所示。

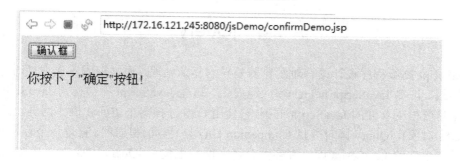

```
alertDemo.jsp    confirmDemo.jsp 
    </head>
  <body>
      <button onclick="myFunction()">确认框</button>
      <p id="demo"></p>
      <script>
          function myFunction(){
              var x;
              var r=confirm("按下按钮！");
              if (r==true){
                  x="你按下了\"确定\"按钮！";
              }
              else{
                  x="你按下了\"取消\"按钮！";
              }
              document.getElementById("demo").innerHTML=x;
          }
      </script>
  </body>
  </html>
```

Markers □ Properties ⊞ **Servers** ⊟ Snippets ⊟ Console ⊘ Internal Web Browser

⇦ ⇨ ■ ⚙ http://172.16.121.245:8080/jsDemo/confirmDemo.jsp

确认框

来自网页的消息

② 按下按钮！

确定　　取消

图 7-32　confirm 确认框 1

⇦ ⇨ ■ ⚙ http://172.16.121.245:8080/jsDemo/confirmDemo.jsp

确认框

你按下了"确定"按钮！

图 7-33　confirm 确认框 2

3) 提示框

提示框用于提示用户在进入页面前输入某个值。提示框出现后，用户需要输入某个值，然后点击"确定"或"取消"按钮才能继续操作。如果用户点击"确定"按钮，则返回值为输入的值；如果用户点击"取消"按钮，则返回值为 null，如图 7-34 所示。

输入信息"James Blunt"，点击"确定"按钮，如图 7-35 所示。

图 7-34　提示框 1

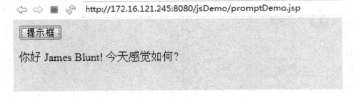

图 7-35　提示框 2

7.4　jQuery

JavaScript 高级程序设计语言对浏览器差异的复杂处理，通常很困难也很耗时。为了应对这些挑战，许多 JavaScript(helper)库应运而生，这些 JavaScript 库被称为 JavaScript 框架。jQuery 是目前最受欢迎的 JavaScript 框架，它使用 CSS 选择器来访问和操作网页上的 HTML 元素(DOM 对象)，jQuery 同时提供 Companion UI(用户界面)和插件。它是一个轻量级的"写得少，做得多"的 JavaScript 库。许多大公司在网站上使用 jQuery，如 Google、Microsoft、IBM、Netflix。

如要使用 jQuery 库，则需要在网页中引用。使用<script>标签，其 src 属性设置为库的 URL，具体代码如下：

```
<script src="https://cdn.staticfile.org/jquery/1.8.3/jquery.min.js">
</script>
```

注意：<script>标签应该位于<head>部分。

jQuery 语法是为 HTML 元素的选取编制的，可以对元素执行某些操作。其基础语法是：

```
$(selector).action();
```

其中，美元符号$用来定义 jQuery；选择符(selector)用来"查询"和"查找"HTML 元素；jQuery 的 action()用来执行对元素的操作。

例如：

- $(this).hide()：隐藏当前元素；
- $("p").hide()：隐藏所有<p>元素；
- $("p.test").hide()：隐藏所有 class="test" 的<p>元素；
- $("#test").hide()：隐藏所有 id="test"的元素。

如果向 jQuery 函数传递 DOM 对象，则会返回 jQuery 对象，并带有向其添加的 jQuery 功能。

在 JavaScript 中，可分配一个函数来处理窗口加载事件，其代码如下：

```
function myFunction()
{
    var obj=document.getElementById("h01");
    obj.innerHTML="Hello jQuery";
}
onload=myFunction;
```

其中，onload 事件会在用户进入页面时被触发。等价的 jQuery 如下：

```
function myFunction()
{
    $("#h01").html("Hello jQuery");
}
$(document).ready(myFunction);
```

jQuery 库如图 7-36 所示。

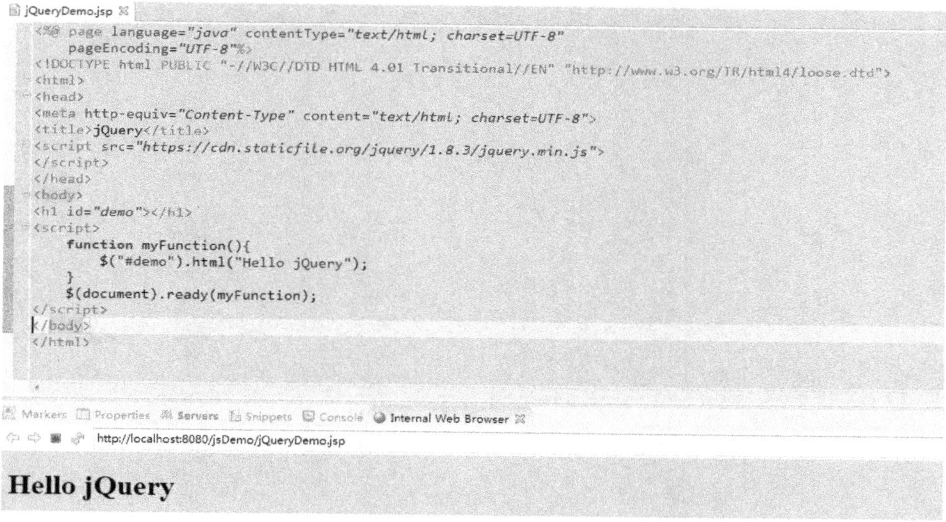

图 7-36　jQuery 库

$(document)表示把 HTML DOM 文档对象传递给 jQuery，此时 jQuery 会返回以 HTML DOM 对象包装的 jQuery 对象，其中的 ready()是一个方法。由于 JavaScript 中函数就是变量，因此可以把 myFunction 作为变量传递给 jQuery 的 ready()方法。

本 章 小 结

本章首先介绍了 JavaScript 的基础知识，包括 JavaScript 的概念，JavaScript 的语句和注释、JavaScript 的变量和运算符操作、JavaScript 的控制语句及 JavaScript 的函数；随后讲解了通过文档对象模型(DOM)改变 HTML 内容及属性的方式、改变 CSS 样式、对事件做出反应的方式，以及浏览器对象模型(BOM)的 location、history 对象和 JavaScript 弹窗；最后简单讲解了 JavaScript 框架 jQuery。

思考与练习

1．通过脚本程序，计算 1！+2！+ … +10！并输出。
2．通过客户端程序验证用户文本框中输入的用户名和密码不能为空。
3．设计客户端界面，实现计算器的功能。

第8章　网站规划与维护

学习目标

- 了解网站宣传与推广的一般方法。
- 熟悉注册域名、申请空间的方法。
- 掌握网站发布、测试、维护更新的方法。

8.1　注　册　域　名

Internet 这个信息时代的宠儿，已经走出了襁褓，为越来越多的人所认识，电子商务、网上销售、网络广告已成为商界关注的热点。"上网"已成为不少人的口头禅。但是，要想在网上建立服务器发布信息，则必须首先注册自己的域名。只有有了自己的域名，才能让别人访问到自己。所以，域名注册是在互联网上建立任何服务的基础。

目前，可以进行域名注册的服务机构有很多，如中国万网(http://www.net.cn/)、西部数码(http://www.west263.com/)等都可以进行域名注册。

在这些域名注册网站里，可以按照系统提示，一步步地进行注册，最后系统会给出注册成功的界面。下面我们以中国万网为例讲解域名注册的方法。

在中国万网注册域名的步骤如下：

(1) 域名查询。在浏览器地址栏中输入"http://www.net.cn/"进入中国万网，单击顶部导航条中"域名注册"，进入图 8-1 所示的页面，在页面的中央是查询区域。中国万网提供两类查询方式——"多个域名后缀"和"单个域名后缀"，可任意选择其中一种，在此我们选用默认的"多个域名后缀"，然后输入欲注册的域名，勾选欲查询的域名后缀，单击"查询"按钮查看结果。只有在查询结果中未被注册的域名才能注册，否则需输入另一域名重新查询直到找到未被注册的域名为止。

比如创建简历发布系统申请"www.jkxjl.cn"这个域名，只需在标识的文本框中输入"jkxjl"，然后仅勾选.cn 选项，单击"查询"按钮查看结果。

(2) 选择注册。在查询结果页(见图 8-2)中选择一个未被注册的域名进行注册。

(3) 年限选择。选择域名购买年限如图 8-3 所示。

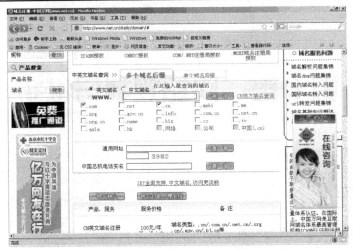

图 8-1　　中国万网域名查询页面

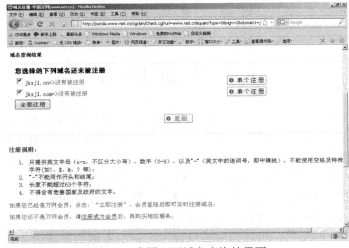

图 8-2　　中国万网域名查询结果页

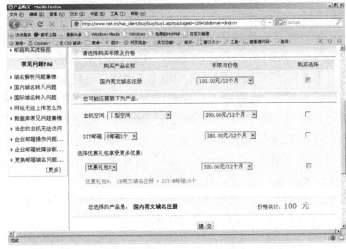

图 8-3　　中国万网域名购买年限选择页面

（4）信息填写。在图 8-4 所示的页面中，选择用户的身份、域名解析服务器，填入国内英文域名注册信息、注册人信息，最后单击"提交"按钮完成表单。

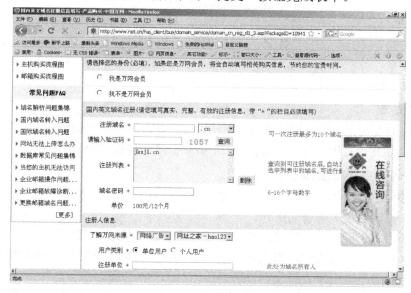

图 8-4　信息填写表单

（5）信息确认。在图 8-5 所示的页面中确认信息，无误后即可选择结算方式，否则需返回前一页修改信息。结算方式分三种：优惠券结算、自动结算、手工结算，应根据实际情况选择。如果用户选择"自动结算"方式，系统将立刻从用户的预付款中为当前购物车中的产品进行扣款并作实时处理，倘若用户的预付款不足，选购的产品将进入"未付款产品管理"区，系统在用户补足费用后，按申请业务的时间先后，为用户自动结算未付款订单，并进行业务的处理。而当用户选择"手工结算"方式时，选购的产品将直接进入"未付款产品管理"区，用户需要进入"未付款产品管理"区进行相应的业务处理。

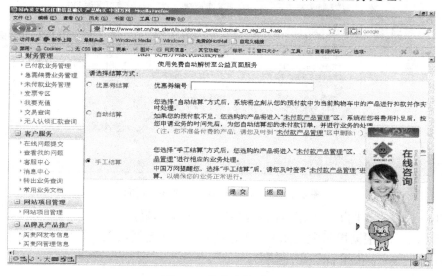

图 8-5　信息确认页面

(6) 注册成功。单击图 8-5 中的"提交"按钮后，进入注册成功页面，付款成功后即可完成域名注册。

8.2 申 请 空 间

一般情况下有以下三种申请空间的方法。

1．租用专线

租用专线的花费不小，一般个人不会租用，企业或公司可以选择这个方法。可以向因特网服务提供商(ISP)租用专线，主计算机 24 小时上网并架设成 Web 服务器。

2．租用网站空间或虚拟主机

通常，ISP 还会提供网站空间或虚拟主机出租业务，而且价格相对来说更容易接受，适合想用较少的钱办较多的事的用户。

如果已经拥有个人网域，则必须设置到虚拟主机，不能设置到网页空间，因为网页空间通常是一个目录。目前提供虚拟主机业务的机构很多，如中国万网、西部数码、搜狐虚拟主机等。下面仍然以中国万网为例讲解虚拟主机的购买方法。

(1) 选择一款虚拟主机产品。进入中国万网的虚拟主机购买页面如图 8-6 所示，单击"购买"按钮选择一款虚拟主机产品。

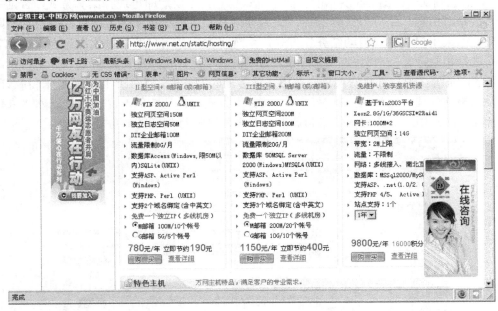

图 8-6 中国万网的虚拟主机购买页面

(2) 年限选择。在图 8-7 所示页面中选择产品购买年限。

(3) 信息填写。根据提示完成图 8-8 所示的表单。在需要填入主机域名处我们可以填入前面已申请的"www.jkxjl.cn"这个域名。

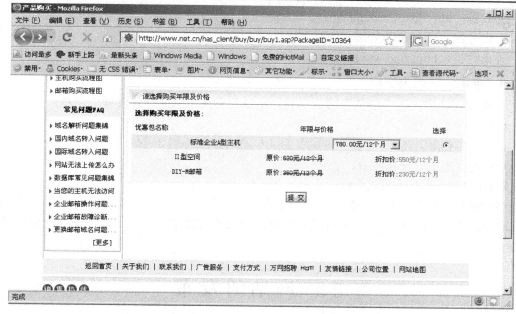

图 8-7　虚拟主机购买年限选择页面

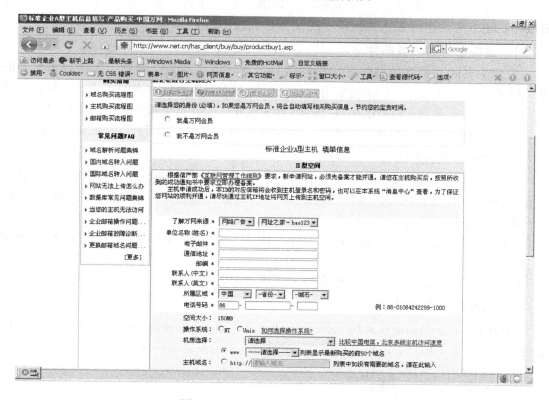

图 8-8　虚拟主机购买信息填写表单

(4) 信息确认。确认填入信息无误即可付款，否则需返回上一页修改信息。

(5) 购买结束。付款成功后，完成购买。下面给出几个提供免费虚拟主机服务的站点。

爱数据：http://www.ashuju.com/host.asp

秀山热线：http://idc.cqxsrx.com/

香山数据：http://idc.woyelai.com/

3. 申请免费网页空间

如果需要，也可以申请免费网页空间。不过免费网页空间往往有如下缺点：

(1) 传输速率慢。

(2) 空间有限。

(3) 提供的服务或功能少。

(4) 网页空间可能会被占用。

(5) 网页空间通常是一个目录，不能设置个人网域。

因此，如果网页很重要，最好是租用网站空间或是虚拟主机，这里不推荐使用免费网页空间。

8.3　网站的发布

上传(Upload)是 FTP 的一个文件传输功能。通过 FTP，既能将文件从网络上下载(Download)下来，也可以把本地机上的文件传到服务器上。

1. 上传主页的必备条件

上传主页的必备条件是保证申请的账号正常开通。通常在网站中申请好主页空间后，管理员会用 E-mail 方式通知用户账号已经开通，并告之申请的用户名、密码以及上传主页的服务器名；也可以在自己的硬盘上制作主页，具体如下：可以在自己的硬盘上新建一个目录，把制作的主页放入该目录下，其中首页文件名使用 index.html。

2. 上传主页的方式

上传主页的方式有很多，但主要有两种方式：一种是传统的 FTP 上传，另一种是在线 Web 上传。相比而言，后一种更简单，但局限性也大，对于上传目录多些、稍复杂些的网站来说较不方便。

(1) 传统的 FTP 上传：使用 FTP 软件上传，比如 CuteFTP、FTP Commander、网络传神等。

(2) 在线 Web 上传：找到上传空间，注册用户名及密码，上传本地磁盘的站点。

3. CuteFTP 软件介绍

CuteFTP 是由 GlobalSCAPE 公司开发的一款专业的老牌 FTP 软件。在任何一款 FTP 软件中，主机名、用户名、用户密码、远端目录、本地目录等都是必不可少的要素。下面详细介绍 CuteFTP 软件。

1) CuteFTP 的软件界面

图 8-9 是 CuteFTP 软件运行后的默认界面，在设置中可以改变界面的显示形式。例如可以将本地目录和远端目录上下摆放，这依照个人习惯而定。在下面的介绍中，我们以软件默认界面为例。

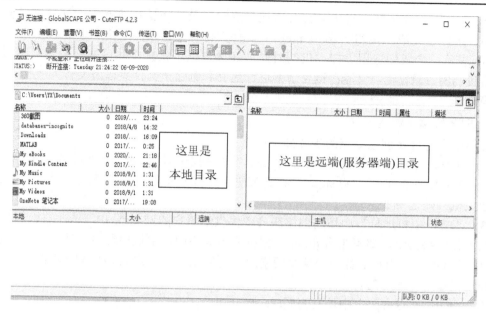

图 8-9　CuteFTP 软件运行后的默认界面

2) CuteFTP 常用工具和基本状态

CuteFTP 常用工具和基本状态如图 8-10 所示，具体讲解如下：

(1) 菜单栏：同所有软件一样，菜单栏几乎包含了软件的所有命令和功能。在基本操作中几乎不使用它。

(2) 工具栏：菜单栏中最常用工具的图标按钮形式，使用它就能完成基本操作中的所有工作。

(3) 快速工具栏：只需填入主机名、用户名、密码和端口号，单击"连接"图标就能登录相应的主机。

(4) 高亮显示和目录操作：如图 8-10 所示，当高亮显示在本地目录或远端目录的时候，单击高亮显示下的文件夹图标即可选择逻辑驱动器(本地)或者目录。

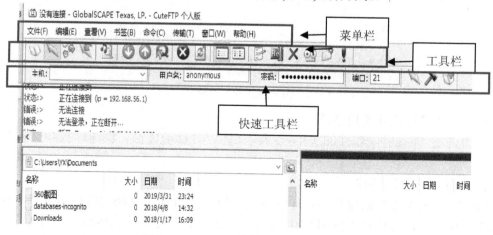

图 8-10　CuteFTP 常用工具和基本状态

(5) 文件上传和下载：选中并打开本地和远端目录后用鼠标将选中的文件拖动到本地或远端目录即可完成上传和下载。CuteFTP 软件支持整个目录的上传和下载。

(6) 提示：当我们选用虚拟主机的时候，连接主机后就直接并只能登录到网络服务商分配给我们的目录，我们只能在该目录下进行建立和删除子文件夹以及文件的上传、下载、删除等操作。

3) FTP 的站点创建

使用站点管理器创建站点的步骤如下：

(1) 单击如图 8-11 所示的"新建"按钮，主机列表中会出现一个"新建主机"。

(2) 在界面右侧的"站点标签"中填入便于区分和记忆的站点名称，主机列表中的"新建主机"随之改变。

(3) "FTP 主机地址"中填写网络服务商提供给用户的域名或 IP，请注意，这里填写的域名不带网络协议，即不带有 http://。根据服务商不同，主机地址也可能叫作主机名。

(4) "FTP 站点用户名称"中填写网络服务商给用户的用户名。根据服务商不同，也可能叫作用户账号、账号等。

(5) "FTP 站点密码"中填写密码(Password)。

(6) "FTP 站点连接端口"中填写 21 端口，它是网络中默认的 FTP 端口。因此在服务商没有特别说明的情况下，这里填 21 端口。

(7) "登录类型"如果服务商没有特别指明，选择"普通"即可。

当完成站点管理之后，选中主机列表中的站点，然后单击"连接"按钮即可实现本机与服务器主机的连接，在本地或远端之间用鼠标拖动文件或文件夹即可实现文件、文件夹的上传下载。

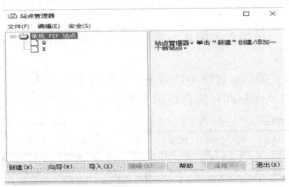

图 8-11　站点管理

4．CuteFTP 软件实用技巧

下面讲述 CuteFTP 软件的实用技巧：文件定时自动传输、快速连接和文件移动的方式。

1) 文件定时自动传输

CuteFTP 内含计划调度程序，可以按用户指定的日期和时间自动传送文件。这个功能非常有用。每天用户只需将 HTML 等文件修改好，拟定具体上传时间，到时 CuteFTP 就会自动拨号、上传、断线、关机，一切不需要人为的干预。如下是设定文件定时自动传输的步骤：

(1) 选择"拨号上网/局域网"如图 8-12 所示，设置"通过局域网连接到因特网"，点击"确定"按钮。

(2) 选中要上传的文件，保存到队列中如图 8-13 所示。

(3) 选择"传送"菜单，点击"按计划任务传送"命令进行设置即可。

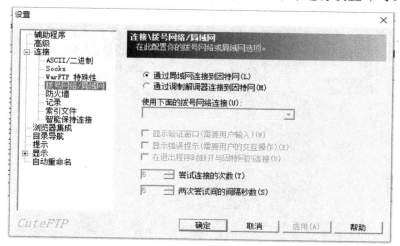

图 8-12　选择拨号上网/局域网

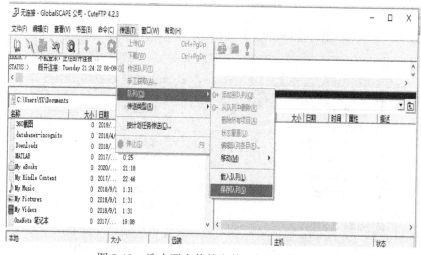

图 8-13　选中要上传的文件，保存到队列中

2) 使用快速连接

快速连接是临时登录某个 FTP 站点最好的方法，它可明显缩短联网状态的操作时间，如图 8-14 所示。

图 8-14　使用快速连接

　　有些临时的站点可能只需要连接一次，所以没有必要将它们添加到站点列表中。此时我们可以选择"FTP>快速连接"(小闪电)菜单或按<Ctrl+F4>快捷键，在弹出的对话框中临时填写一个 FTP 服务器的地址，然后进行连接。

　　FTP 能自动改变文件的扩展名，假如 HTML 编辑软件保存的文件扩展名不正确或不合适，都可以让 CuteFTP 在上传它们时自动修改，如图 8-15 所示。

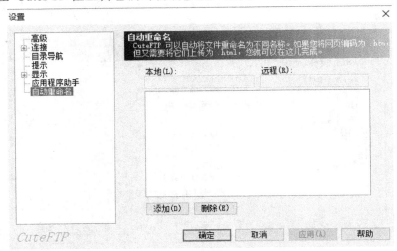

图 8-15　自动重命名

3) 文件移动

通常可以在工具栏添加、重排常用工具按钮，如图 8-16 所示。

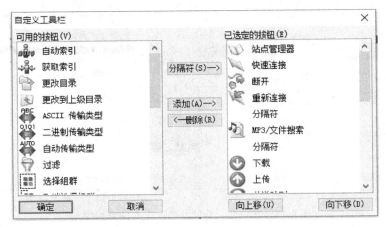

图 8-16　自定义工具栏

CuteFTP 的文件移动操作如下：

(1) 使用"站点管理"，登录到一个 FTP 站点。

(2) 再次打开 CuteFTP 软件，使桌面上同时有两个 CuteFTP 窗口。

(3) 第二次启动 CuteFTP 软件时，登录另一个 FTP 站点。

(4) 从一个 CuteFTP 窗口的远程文件列表中选择文件，并直接拖放到另一个CuteFTP 窗口的远程文件列表中，文件就能移动到自己的站点上了。

8.4　网站的测试

前面所讲的 Dreamweaver 软件，不需要上传主页就可以轻松地对自己的主页进行测试。它能对网页下载时间、浏览器兼容性、网页链接、文本拼写等方面进行测试。我们可以根据测试结果对主页进行相应的修改，然后再进行上传，具体讲解如下：

1. 下载时间测试(见图 8-17)

同一主页不同速率的调制解调器(Modem)下的下载速度是不同的，我们可以选择不同速率的 Modem 对主页进行测试，具体步骤如下：

(1) 执行主菜单"编辑—首选参数"命令。

(2) 在对话框中选择"分类—状态栏—链接速度(共 14.4、28.8、33.6、56、64、128、1500 等 7 个参数供选择)"。

(3) 若想测试网页在 56 Kb / 秒下的下载时间，参数选 56.0。

(4) 在 Dreamweaver 的编辑窗口打开一个网页文件，在编辑窗口下的状态栏就会显示这个网页文件的大小及下载时间。

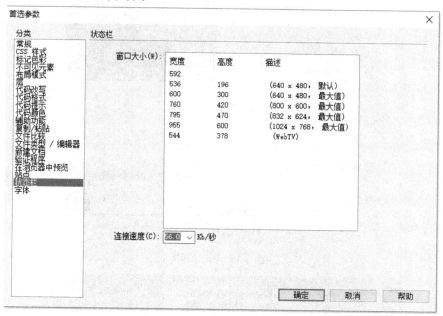

图 8-17　下载时间测试

2. 浏览器兼容性测试

无论用何软件设计制作网页，都希望在不同的浏览器下有同样的效果。但是，由于浏览器的兼容性问题，一些在 IE 下显示很好的网页有可能在其他浏览器下不能正常显示。为了使网页在目前主流浏览器下获得兼容，可以用 Dreamweaver 来对网页兼容性进行测试，其方法如下：

(1) 执行"站点管理器—编辑—全选"命令，选择整个网页文件夹(对全部网页进行测试)。

(2) 执行"文件—检查目标浏览器"命令，如图 8-18 所示。

(3) 可以选择不同的目标浏览器对它进行测试，一般选择 Microsoft Internet Explorer 5 和 Netscape Navigator 6 两个目前使用较广的浏览器。单击"检查"按钮即可进行测试。

图 8-18　检查目标浏览器

3．网页链接测试

网页链接测试的方法如下：

(1) 在 Dreamweaver 选择"站点管理器—文件—检查页—检查链接"命令，如图 8-19 所示。

(2) 选择"检查链接"命令后，将自动进行测试并生成测试报告，如图 8-20 所示。

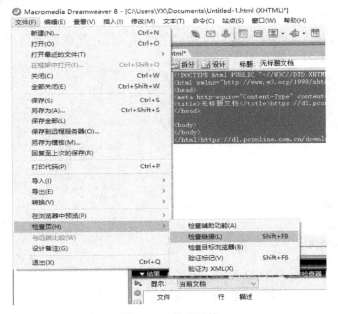

图 8-19　检查链接

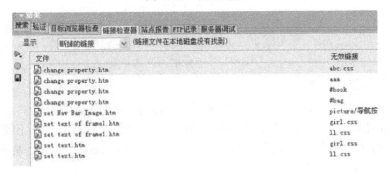

图 8-20　生成测试报告

4．拼写检查

拼写检查能对主页中的英文文档进行校对，具体方法如下：

(1) 在"站点管理器"中双击要校对的网页文件夹将其打开。

(2) 选择"文本—检查拼写"命令，即可对网页中的英文文档进行拼写校验，如图 8-21 所示。

(3) 如果有单词拼写错误，会提示"忽略"还是"更改"，由个人而定。

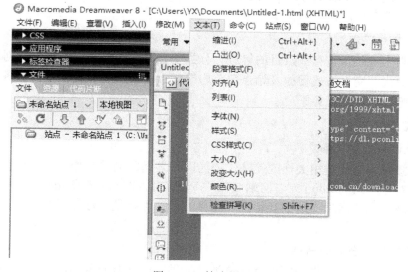

图 8-21　检查拼写

8.5　网站宣传与推广的一般方法

1．搜索引擎推广策略

搜索引擎推广策略是指利用搜索引擎、分类目录等具有在线检索信息功能的网络工具进行网站推广的方法。在搜索引擎众多方法中，关键词广告、竞价排名、基于内容定位的广告等都是需要付费的，免费策略则是以网站自身搜索引擎的优化和免费登录搜索引擎策略为主。

1) 网站自身搜索引擎的优化

网站自身搜索引擎的优化是指通过提高网站设计质量，适应搜索引擎的计算法则，可利用 Google、百度等技术型搜索引擎进行推广。

2) 免费登录搜索引擎策略

现在像 Google 等大型搜索引擎都推出了免费登录服务，只要找到免费登录入口、注明网址等信息，就能使其免费收录该网站。

网络是一个重要的宣传工具已经成为一个不争的事实，越来越多的网络用户都会使用搜索引擎来查找自己所需的信息。据统计，80%的用户使用搜索引擎时只会关注前三页内容，换句话说只有排名靠前的信息才会得到用户们的关注，排名的先后直接影响着网站的关注人数，这种网络传播效果甚至优于广告，它在潜移默化地影响着消费群体，这才是搜索引擎真正的商业价值所在。

2．广告策略

1) 网页上的广告

网页上的广告主要包括横幅旗帜广告(即 Banner，包括全尺寸和小尺寸两种，可以是静态图片或 GIF 动画或 Flash 动画)、标识广告(即 Logo，又分为图片和文字两类)、文字链接以及分类广告等几种形式。

2) 商业分类广告

商业分类广告是指按行业及目的等进行分类的各种广告信息。它具有针对性强、发布费用低、见效快、交互方式便捷及站点覆盖广等优点。较常见的提供这种服务的网站有阿里巴巴、慧聪网等电子商务平台。

3．链接推广策略

1) 交换链接推广策略

交换链接是具有一定相关性或互补优势的网站之间的简单合作形式，即分别在自己的网站上放置对方网站的 Logo 或者网站名称，并设置对方网站的超级链接，使用户可以从合作网站中发现自己的网站，达到互相推广的目的。这可以是同行业网站、供应链接伙伴网站等。

2) 登录网址集合类的网站

现在网上有很多将收集的网址进行分类，提供网址导航服务的网站。其中有很多是免费登录的，通过登录导航网站，我们的网站就能被目标消费群有目的地搜索到，达到推广的目的。

4．信息发布推广策略

信息发布推广策略，就是将有关网站的信息发布在其他用户可能会访问的网站上。这种网站包括黄页、BBS(论坛)、供求信息平台、行业网站等。这种推广策略需要信息发布者及时更新发布的信息。

1) 虚拟社区推广策略

虚拟社区推广策略就是到聊天室、论坛等虚拟社区中，加入其中，并以普通人的身份发布一些宣传性的文章，并附带网址，以吸引人气。

2) 电子商务平台发布供求信息

通过在阿里巴巴、淘宝、易趣等电子商务平台上展示产品图片，阐述产品功能，留下网址，吸引消费者点击。由于这些电子商务平台流量大，因此这种方法是推广网站的一个很好途径。

5．利用行业会议、展会推广

每年各行业之间都会召开一些行业峰会或产品展示会之类的同行业之间互相交流、推广产品的会议，这些会议正好给我们推广网站提供了一个展示自我的平台。可以通过主办、协办或参加这些会议，并在会议或展会上对来宾宣传网站的概况、服务，来达到提高网站知名度的目的。

6. 利用即时通信工具来推广

利用 QQ、微信等即时通信工具来宣传网站，因为像 QQ、微信类的聊天工具宣传的手法最直接也最快速。QQ、微信等聊天工具有聊天群，只要你加入群，广告信息就可以及时发布，但是这种方式带有盲目性，针对性不强。

8.6　网站的维护与更新

网站维护是指网络营销体系中一切与网站后期运作有关的维护工作。与其他媒体一样，网站也是一个媒体，需要经常更新维护才会起到既定的商业效果。因此网站运营维护的好坏在很大程度上会直接影响到顾客是否会对企业产生良好的印象，从而成为企业的客户之一。

网站维护是一项专业性较强的工作，其维护的内容也非常之多，有功能改进、页面修改、安全管理、网站推广等，需要懂得相关知识的专业人士来完成。企业也许能够培养一位会使用 Frontpage、Dreamweaver 等软件设计网页的人，但与专业的设计师相比，其制作出的网页效果不可同日而语；企业也能配备数名专业技术人员进行网站维护，但是每月技术人员高额的工资，却增加了企业管理压力、提高了网站运营成本；同时人员的培训等方面也会有一定的问题，可能刚刚培训好的技术人员就跳槽了，企业业务因此而停顿。以上这些情况对于中小企业来说，为这些需求而额外支出几万元甚至十几万是难以承受的。

网站维护的目的是让用户的网站能够长期稳定地运行在 Internet 上，及时地调整和更新网站内容，如此才能在瞬息万变的信息社会中抓住更多的网络商机。

1. 网站软硬件维护的项目

网站的软硬件维护包括服务器、操作系统和 Internet 连接线路等的维护，以确保网站24 小时不间断正常运行。一个好的网站需要定期或不定期地更新内容，才能不断地吸引更多的浏览者，增加访问量。

2. 网站的软硬件维护

计算机硬件在使用中常会出现一些问题，同样，网络设备也会影响企业网站的工作效率。网络设备管理属于技术操作，非专业人员的误操作有可能导致整个企业网站瘫痪。没有任何操作系统是绝对安全的。维护操作系统的安全必须不断留意相关网站，及时为系统安装升级包或者打上补丁。其他的诸如 SQL Server 等服务器软件也要及时打上补丁。服务器配置本身就是安全防护的重要环节。有不少黑客案例就是利用了没有正确配置微软的 IIS服务的漏洞而入侵网站的。

Windows 2000 Server 里面本身已经提供了复杂的安全策略措施，充分利用这些安全策略，可以大大降低系统被攻击的可能性和受伤害程度。

3. 网站内容更新

建站容易、维护难。对于网站来说，只有不断地更新内容，才能保证网站的生命力，否则网站不仅不能起到应有的作用，反而会对企业自身形象造成不良影响。如何快捷方便地更新网页，提高更新效率，是很多网站面临的难题。现在网页制作工具不少，但为了更新信息而日复一日地编辑网页，对信息维护人员来说，疲于应付是普遍存在的问题。

内容更新是网站维护过程中的一个瓶颈。网站的建设单位可以考虑从以下五个方面入手，使网站能长期顺利地运转。

第一，在网站建设初期，就要对后续维护给予足够的重视，要保证网站后续维护所需资金和人力。很多单位是以外包项目的方式建设网站的，建设时很舍得投入资金。可是网站发布后，维护力度不够，信息更新工作迟迟跟不上。网站建成之时，便是网站失败的开始。

第二，要从管理制度上保证信息渠道的通畅和信息发布流程的合理性。网站上各栏目的信息往往来源于多个业务部门，要进行统筹考虑，确立一套从信息收集、信息审查到信息发布的良性运转的管理制度。既要考虑信息的准确性和安全性，又要保证信息更新的及时性。要解决好这个问题，领导的重视是前提。

第三，在建设过程中要对网站的各个栏目和子栏目进行尽量细致的规划，在此基础上确定哪些是经常要更新的内容，哪些是相对稳定的内容。由承建单位根据相对稳定的内容设计网页模板，在以后的维护工作中，这些模板不用改动，这样既省费用，又有利于后续维护。

第四，对经常变更的信息，尽量用结构化的方式(如建立数据库、规范存放路径)管理起来，以避免数据杂乱无章的现象。如果采用基于数据库的动态网页方案，则在网站开发过程中，不但要保证信息浏览环境的便捷性，还要保证信息维护环境的方便性。

第五，要选择合适的网页更新工具。信息收集起来后，如何"写到"网页上去，采用不同的方法，效率也会大大不同。例如使用 Notepad 直接编辑 HTML 文档与用 Dreamweaver 等可视化工具相比，后者的效率自然高得多。倘若既想把信息放到网页上，又想把信息保存起来以后备用，那么采用能够把网页更新和数据库管理结合起来的工具效率会更高。而使用信息发布系统，网站管理人员无须懂得任何的网页制作技术，只要了解基本的计算机文本处理方法，就能利用动态网页技术，方便地在网站上定制信息格式，更新或维护信息内容。信息发布系统的具体功能包括：

(1) 添加、修改及删除信息。

(2) 按不同栏目对信息进行分类，易于信息的管理及查找。

(3) 信息可按标题、发布日期、关键字等不同分类进行查询。

(4) 可将网站维护人员输入的信息及时自动按照模板生成页面，发布到网站前台。

使用信息发布系统具有显著的优越性，它不仅操作简单，实时性强，而且由于使用了计算机系统代替人手完成所有的信息发布过程，避免了许多人为的技术性错误，确保了网站的稳定性和安全性。

8.7　网站搜索引擎友好性分析实验

一、实验目的

通过对部分选定网站搜索引擎进行友好性分析，深入研究网站建设的专业性对搜索引擎的影响，对于发现的问题，提出相应的改进建议。

二、实验上机准备工作

微型计算机：每人 1 台；电脑接入全球互联网；Windows 8，　Microsoft Office 2013，Chrome 浏览器、360 浏览器。

三、实验内容和步骤

(1) 从备选网站中选定一个企业网站。

(2) 浏览该网站并确认该网站最相关的 2～3 个核心关键词(比如主要产品名称、所在行业等)。

(3) 用每个关键词分别在搜索引擎 Google 和百度进行检索，了解该网站在搜索结果中的表现，如排名、网页标题和摘要信息内容等；同时记录同一关键词检索结果中与被选企业同行的其他竞争者的排名和摘要信息情况。

(4) 根据有关信息分析被调查网站的搜索引擎友好性。

附：本实验备选网站网址(8 个)：

www.hisense.com.cn

www.changhong.com

www.mengniu.com.cn

www.gsygroup.com.cn

www.wahaha.com.cn

www.yeshu.com

www.hongdou.com.cn

www.youngor.com

www.bosideng.com

www.metersbonwe.com

四、实验报告步骤

通过调查获得的信息分析网站设计对网站搜索引擎友好性的影响，可重点突出某些关键因素，如网站结构的影响、网站内容文本信息量及核心关键词的影响等。如果利用同一关键词进行检索，同一网站在不同搜索引擎中的表现有较大差异，请分析问题产生原因并提出合理的建议。

本 章 小 结

本章讲述了网站规划与维护的基础知识。首先，介绍了网站发布的方法，包括注册域名、申请空间、上传主页的必备条件与方式、CuteFTP 的实用技巧等；之后分别讲述了网站测试、网站宣传与推广以及网站的维护与更新的一般方法；最后提供了网站搜索引擎友好性分析实验，以便学生练习实践。

思考与练习

1. 上传主页的主要方式有哪些?
2. 如何用 Dreamweaver 软件进行下载时间测试?
3. 网站内容更新主要有哪些方面?